DE LA PHYSIOLOGIE

DE L'ORGANE DE L'OUIE,

CHEZ L'HOMME.

DE LA PHYSIOLOGIE
DE L'ORGANE DE L'OUIE,

CHEZ L'HOMME;

PAR P. J. VIDAL,

Docteur en médecine de la Faculté de Paris, ancien élève des
hôpitaux de la même ville, ancien interne de l'Hôtel-Dieu, et
ex chirurgien interne du lazaret de Marseille.

> L'appareil préparatoire de l'audition,
> est un tambour pourvu d'un cornet,
> dont la peau bien tendue, communi-
> que directement avec la partie
> sensitive, au moyen d'une chaîne de
> petites pièces solides.
>
> (M. Breschet, *Recherches anatomiques et
> physiologiques sur l'organe de l'ouie et
> sur l'audition, dans l'homme et les ani-
> maux vertébrés.* 1836.)

PARIS,
IMPRIMERIE DE MOESSARD,
RUE FURSTEMBERG, 8.

1837.

A mon excellent Père,

EX-CHIRURGIEN-MAJOR DES ARMÉES DE LA RÉPUBLIQUE

FRANÇAISE.

Témoignage de la plus vive

reconnaissance

P. J. VIDAL.

AVANT-PROPOS.

Lorsque j'ai entrepris de composer ma *thèse inaugurale*, mon but était d'y traiter, d'une manière abrégée, de la *physiologie de l'organe de l'ouïe;* mais le texte ayant dépassé, contre mon attente, les limites qu'on doit donner à un pareil travail, j'ai borné ma thèse a un exposé de l'audition, et j'ai donné au tout, sans rien changer, la forme de l'opuscule que j'ai l'honneur de publier aujourd'hui.

Je n'ai pas eu l'intention de me livrer à des expériences pour chercher à éclairer quelques-uns des points de cette partie si difficile de la physiologie; je n'étais pas dans une position favorable pour les entreprendre; je me trouvais sur les bancs de l'école. D'ailleurs, aurais-je pu les exécuter, ce motif seul m'en aurait empêché, parce que les expériences demandent toujours beaucoup de temps, et j'aurais mieux aimé profiter de celui qui est consacré aux études, lequel est si précieux et toujours trop court.

Mettre à profit les travaux des savans qui se sont occupés de l'oreille depuis plus d'un siècle, me baser sur les faits fournis par l'anatomie pathologique, l'anatomie comparée et la physiologie expérimentale, c'était suivre la marche la plus naturelle et la plus solide.

Les travaux des Valsalva, des Duverney, des Le Cat, des Haller, des Cotugno, des Comparetti, surtout ceux des Sœmmering et des Scarpa que j'ai pu consulter, sont, à cet égard, dignes des plus beaux éloges de la postérité; et, dans ces derniers temps, MM. Breschet et Savart, dont le zèle ne se ralentit pas, nous ont doté de plus belles recherches encore que celles de leurs devanciers.

La physiologie de l'organe de l'ouïe, est celle des organes des sens, qui a été le plus étudiée, et sur laquelle on est le moins avancé. La faute n'en est cependant pas aux physiologistes, mais à l'acoustique qui, moins avancée que l'optique, ne peut pas nous rendre compte de l'audition comme l'optique de la vision. Mais malgré toutes ces difficultés, je ne désespère pas qu'on ne puisse expliquer un jour les phénomènes de l'audition, grâce aux savans qui ne cessent de s'en occuper. L'anatomie comparée, l'anatomie pathologique et la physiologie expérimentale jeteront toujours sur elle le plus de lumières.

C'est ainsi que pour arriver à ce résultat, M. le professeur Breschet a comparé les différentes modifications qui existent dans la structure de l'organe de l'ouïe chez les vertébrés, en descendant l'échelle animale, depuis l'homme jusqu'aux crustacés exclusivement, chez lesquels l'oreille n'est qu'une cavité pleine d'un liquide visqueux, au milieu duquel viennent s'épanouir les dernières ramifications du nerf acoustique. C'est ainsi que MM. Magendie, Esser et Flourens ont fait des expériences sur une série d'animaux vivans (1).

Je ne terminerai point cet avant-propos, sans parler de l'esprit qui préside à ce faible travail. J'ai tâché de ne dire que ce qu'il y a de plus probable, laissant de côté tout ce qui n'est qu'hypothèse ou assertion hasardée. Tout système toute supposition gratuite, doivent être bannis de la saine physiologie. La *supposition*, dit le célèbre Haüy, est un tourbillon, une effluve de matières subtiles qui va toujours au-delà des faits donnés par l'observation, elle explique tout d'une manière vague et lâche, satisfaite cepen-

______

(1) M. Savart dans ses savantes recherches, a fait les plus heureuses applications de l'acoustique à l'étude des fonctions de l'organe auditif.

dant en ce qu'il n'en coute pas plus pour la con
cevoir que pour l'imaginer, et le *système* marche
ainsi comme au hasard, toujours errant dans les
à peu près, incapable de déterminer aucun fait.
Fidèle à ces principes, je n'ai écrit que ce qui
découle de l'observation des faits, et c'est pour
cela que quelques-unes des personnes qui vou-
dront bien me lire, me feront le reproche de citer beaucoup de faits, sans donner beaucoup
d'explications.

J'ai divisé mon sujet en trois parties : dans
la première, je m'occupe de l'organisation de
l'oreille, dans le deuxième de l'acoustique, et du
mécanisme de l'audition dans la troisième.

CONSIDÉRATIONS GENÉRALES

SUR

LE SENS DE L'OUIE.

L'oreille est l'organe de l'ouïe, sens par lequel nous percevons les vibrations des corps sonores. Par lui-même, nous apprécions approximativement d'où elles partent et la distance des corps qui nous les tansmettent.

Tout le monde connaît les effets que la sensibilité de cet organe occasionne en nous; l'impression que la musique exerce sur lui, fait naître en nous des émotions, exalte les sentimens, excite la haine, la joie, toutes les passions, en un mot (1). Le charme de la musique, les sentimens de l'harmonie et de la mélodie

(1) Nous trouvons à tout instant, des faits qui prouvent combien la musique influe sur l'organisme et nos facultés morales. Quand nous entendons une musique qui joue à la tête d'un régiment, nous en sommes comme électrisés, et l'amour de la patrie, les plus nobles sentimens se font vivement sentir. Combien de fois, nos soldats, au chant de l'hymne immortel la *Marseillaise*, n'ont-ils pas redoublé de courage en courant à la victoire. Voyez cet enfant, tout jeune encore, soit qu'il souffre, soit qu'il soit éveillé par tout autre cause, il s'endort à une simple chanson de sa mère. L'ouvrier qui chante pendant ses pénibles travaux, voit s'écouler le temps de leur durée avec plus de rapidité. Des ateliers nombreux sont animés et entretenus au travail par une simple chanson, dont le refrain est répété en chœur.

résident dans l'ouïe. « Tout à coup, dit l'homme qu'imagine l'éloquent Buffon pour peindre les premières sensations, j'entends des sons; le chant des oiseaux, le murmure des airs formaient un concert dont la douce impression me remuait jusqu'au fond de l'âme, j'écoutai longtemps, et je me persuadai que cette harmonie était moi. »

Le sens de l'ouïe influe beaucoup sur le développement et le libre exercice de nos facultés intellectuelles. L'homme qui en est dépourvu, n'exerce pas aussi bien son intelligence que celui qui est privé de la vue, parce qu'il lui manque le plus puissant moyen que nous ayons pour la perfectionner, celui de communiquer, à l'aide de la voix, nos idées à nos semblables, et de connaître celles qu'ils nous transmettent. M. Itard affirme que le quarantième des sourds-muets est atteint d'idiotisme.

Aussi ne voit-on pas chez les sourds, comme chez les aveugles, des hommes qui nous étonnent par ce dont ils sont capables de faire. L'aveugle de Puiseaux (1), en Gatinais, et Saunderson (2), de la pro-

(1) Cet aveugle était chimiste, musicien et avait suivi avec succès des cours de botanique au Jardin des Plantes de Paris. Il enseignait à lire à son fils, avec des caractères en relief et jugeait parfaitement des symétries, le poli des corps n'avait guère moins de nuances pour lui que le son de la voix, aussi n'y avait-il pas à craindre qu'il prît sa femme pour une autre. Il faisait de petits ouvrages à l'aiguille, nivelait à l'équerre, montait et démontait les machines ordinaires, etc.

(1) Cet aveugle extraordinaire était versé dans les belles lettres, habile dans les mathématiques qu'il professa à Cambridge avec suc-

vince d'York, que je me plais à citer, ont fait des prodiges.

Après le sens de la vue, le sens de l'ouïe est celui qui a le plus de puissance dans nos rapports physiques. Au milieu des ténèbres, le sens de l'ouïe est pour nous une sentinelle qui veille à la conservation du corps, en nous avertissant des objets dont la rencontre pourrait être nuisible.

cès, à la mort Wiston qui abdiqua sa chair en 1711. Il avait une facilité rare pour se faire entendre et était fécond en expressions heureuses. Il donna des leçons d'optique, il prononça des discours sur la nature de la lumière et des couleurs; il expliqua la théorie de la vision, il traita des effets des verres, des phénomènes de l'arc-en-ciel et de plusieurs autres matières relatives à la vue et à son organe. Il inventa des machines, sur lesquelles il calculait d'une manière surprenante, par le moyen d'épingles qu'il fixait sur des tables qu'il avait imaginées, et il publia un ouvrage excellent sur l'algèbre. (Œuvres de Diderot, t. 2, dans la lettre sur les aveugles, à l'usage de ceux qui voient; et Encyclopédie, t. 2 et pag. 76 de la physique).

PREMIÈRE PARTIE

DE L'ANATOMIE DE L'OREILLE.

L'organe de l'ouïe est situé à la base du crane, dans l'épaisseur de l'os le plus dur, au milieu du rocher dont la situation profonde le met à l'abri de l'action des agens extérieurs ; c'est le mieux protégé de tous les organes des sens, et il fallait que cela fût, afin de conserver intactes les parties si délicates du labyrinthe dont le moindre dérangement aurait été probablement beaucoup nuisible au sens de l'ouïe, s'il ne l'avait anéanti.

Cet organe, si compliqué et d'une structure merveilleuse, est constitué par une série de cavités qui se succèdent et sont disposées de telles manières qu'on peut le diviser en trois parties bien distinctes, qui sont de dehors en dedans : *l'oreille externe*, *l'oreille moyenne* et *l'oreille interne*.

1° DE L'OREILLE EXTERNE.

L'oreille externe est une espèce d'entonnoir adapté à l'oreille moyenne, dont il est séparé par une membrane.

A. Le *pavillon* est la partie évasée de cet entonnoir; c'est un cornet acoustique, destiné à recueillir les vibrations et à les diriger par le conduit auditif jusque dans les parties les plus profondes. Il est situé sur les parties latérales de la tête ; sa forme est celle d'un ovale irrégulier , plus large en haut qu'en bas, recourbé plus ou moins en avant , suivant les individus, et présentant, sur ses deux faces , des saillies et des enfoncemens qui se correspondent.

La première saillie de la face interne , porte le nom d'*hélix* , elle borde le contour du pavillon ; la deuxième est appelée *anthélix* , elle est bifurquée à son extrémité supérieure. On nomme *tragus* , l'éminence qui s'avance au devant de l'orifice du conduit auditif, et *anti-tragus* celle qui est placée en arrière , et qui en est séparée par une échancrure profonde.

Les enfoncemens sont de dehors en dedans : la *rainure de l'hélix* , la *fosse naviculaire* qui est en haut , entre la division de l'*anthélix*, et la *conque* qui est située en bas, près de l'orifice du conduit auditif, dont elle semble être le commencement.

Les objets qu'on trouve sur la face interne sont les mêmes que ceux de la face précédente ; ils sont seulement disposés en sens inverse.

Enfin , le pavillon se termine en bas par une éminence molle, arrondie, de grandeur variable, qu'on appelle *lobule*. C'est à cette partie que plusieurs nations sauvages de l'Amérique ont pour usage de suspendre des ornemens. Cette coutume, qui se trouve aussi chez nous, chez quelques personnes , surtout dans le sexe féminin , était une marque de noblesse chez les Indiens, et une marque de servitude chez les Hébreux et les Romains.

Le pavillon de l'oreille est mieux conformé chez la femme que chez l'homme : il a chez elle une tournure plus gracieuse ; il est plus rapproché de la tête, parce qu'elle a pour habitude de l'emprisonner sous sa coiffure.

« La plupart des hommes, dit Sœmmering, altèrent ou détruisent l'usage des muscles de l'oreille, par un goût dépravé que fait rechercher une vaine beauté, ou par une coiffure trop étroite ; car c'est à tort que l'on regarde les oreilles comme difformes quand elles sont éloignées de la tête, et par là plus propres à leur fonction, et que l'on couvre les nouveaux-nés avec des bonnets ou des bourrelets, coiffure qui ne tend qu'à resserrer cette partie encore tendre, et même à en paralyser les mouvemens. »

Une couche cutanée, un fibro-cartilage, des ligamens, des muscles, des vaisseaux et des nerfs composent l'organisation du pavillon de l'oreille.

La *couche cutanée* qui le recouvre, est mince et assez fortement adhérente aux parties sub-jacentes par un tissu cellulaire dense ; entre elle et le cartilage, se trouvent un grand nombre de *follicules sébacés* qui fournissent une matière blanche qui donnent à la peau sa souplesse.

Le *fibro-cartilage* constitue la charpente du pavillon, auquel il donne sa configuration ; il manque seulement au lobule qui est formé par la réflexion de la peau, et dans l'épaisseur duquel on ne trouve qu'un amas de tissu cellulaire adipeux.

Les *ligamens* sont extrinsèques ou intrinsèques. Les premiers sont au nombre de trois : le *ligament antérieur*, qui s'étend de l'arcade zygomatique à la partie voisine de l'hélix; le *ligament du tragus,* étendu de l'apophyse zygomatique au tragus, et le *postérieur* qui, de l'apophyse mastoïde, se rend à la convexité de la conque. Ce sont ces ligamens qui font que les oreilles peuvent supporter le poids du corps.

Les *ligamens intrinsèques* maintiennent le cartilage du pavillon plissé sur lui-même ; on n'a qu'à les couper pour le déplisser.

Les *muscles* sont comme les ligamens, divisés en *extrinsèques* et en *intrinsèques.*

Les muscles *extrinsèques*, au nombre de trois, sont minces, triangulaires et placés autour de l'oreille. L'*antérieur* se fixe, par sa base, au bord externe de l'occipito-frontal, et par son sommet à la portion voisine de l'*hélix*, comme le ligament antérieur, au-dessus duquel il se trouve ; le *supérieur* s'attache en haut, à l'aponévrose épicranienne, inférieurement à la partie supérieure de la conque ; le *postérieur* se rend de la base de l'apophyse mastoïde à la partie postérieure et inférieure de la conque. Ces muscles, très minces chez l'homme, sont développés chez les animaux timides, tels que le lapin, le cerf, etc.; chez eux, le pavillon est à grande ouverture et capable d'être tourné de tous les côtés d'où les sons arrivent. Il est rare de trouver des hommes chez qui il soit mobile.

Les muscles *intrinsèques* sont comme les extrinsè-ques à l'état rudimentaire; ils sont au nombre de cinq, dont quatre occupent la face externe du pavillon, et un seul sa face interne. Ce dernier est le *muscle transverse*. Ceux de la face externe, sont le *grand muscle de l'hélix*, celui du *tragus* et celui de *l'anti-tragus*. Ils sont tous minces et non constans, et paraîtraient avoir pour usage, s'ils étaient plus développés, de favoriser la réflexion des vibrations sonores, en éloignant ou rapprochant les unes des autres, les éminences qui leur servent d'insertion. Mais on ne peut leur accorder ces usages, parce que ce ne sont que des *vestiges*, et on appelle en anatomie *vestiges*, des parties sans usage.

Le pavillon de l'oreille est pourvu de beaucoup de nerfs et de vaisseaux, ce qui lui donne beaucoup de sensibilité et le fait facilement rougir.

B. Le *conduit auditif* est la partie rétrécie de l'entonnoir qui représente l'oreille externe. Situé entre l'articulation temporo-maxillaire et l'apophyse mastoïde, il s'étend dans la longueur d'un pouce environ, depuis la conque jusqu'au tympan dont il est séparé par la membrane du même nom. Il est ovale dans sa coupe perpendiculaire, et sa direction transversale est telle qu'il décrit une légère courbure dont la convexité est en haut. On efface cette courbure, lorsqu'en voulant examiner le fond du conduit, on porte le pavillon en haut et en arrière. Le conduit auriculaire est très court, et seulement fibro-cartilagineux chez les jeunes enfans. Chez l'adulte, l'orifice externe est garni de poils plus ou moins longs, auxquels on donne pour usage d'empêcher que les corpuscules qui voltigent dans l'air et les insectes ne s'y introduisent facilement.

Ce conduit est constitué par trois portions : 1° par une *portion cartilagineuse* qui est le prolongement du cartilage du pavillon ; 2° par une *portion fibreuse* qui, réunie avec la précédente, forme la moitié externe du conduit auditif ; 3° par une *portion osseuse* appartenant au temporal ; celle-ci forme l'autre moitié du conduit, et manque, comme je l'ai déjà dit, chez l'enfant très jeune, chez qui il est remplacé par le *cercle tympanal*. La moitié externe, ou portion *fibro-cartilagineuse*, est fixée à l'orifice du conduit osseux par des fibres ligamenteuses.

La portion cartilagineuse présente, près du tragus, deux ou trois fentes appelées *incisures de Santorini*, lesquelles sont remplies par un tissu fibreux, auquel sont mêlées quelquefois des fibres charnues. La plus grande incisure est parfois occupée par le petit muscle que *Santorini* a appelé *musculus incisuræ majoris*. Ces fibres musculaires sont tellement rares dans leur existence chez l'homme, qu'elles n'ont pat été rencontrées par de très habiles anatomistes. Je les ai vues deux fois moi-même sur des oreilles que j'avais choisies pour le développement des muscles du pavillon. Ce sont encore des vestiges comme les muscles intrinsèques de l'oreille externe.

La surface interne du conduit auditif, est tapissée par le prolongement de la couche cutanée du pavillon qui se réfléchit sur la membrane du tympan en formant un cul-de-sac. Cette surface est ordinairement recouverte par un duvet très prononcé, et présente à l'orifice du conduit les poils dont j'ai parlé. Sur cette surface, on voit à l'œil nu l'orifice excréteur des *glandes cérumineuses*, organes d'un jaune foncé, sphériques ou ronds, situés dans le tissu cellulaire sous-cutané. Ces glandes occupent la portion cartilagineuse et fibreuse où elles sont très nombreuses. Il me semble qu'il y en a sur la portion osseuse, mais elles seraient très peu développées et moins nombreuses. Le produit de la sécrétion de ces follicules, est une humeur jaunâtre, visqueuse, quelquefois consistante comme de la cire, ce qui lui a fait donner le nom de *cérumen*. Elle est susceptible d'acquérir une grande dureté par son trop long séjour dans le conduit auditif. Elle devient alors une cause mécanique de surdité. On donne pour usage au cérumen, d'empêcher les insectes de pénétrer dans le conduit auriculaire, soit parce qu'il les retient en vertu de sa viscosité, soit parce que son principe amer leur inspire de la répugnance. Quand le cérumen est en grande quantité, je crois, comme l'a dit Sœmmering, qu'il atténue l'intensité des rayons sonores.

2ᵉ DE L'OREILLE MOYENNE.

L'Oreille moyenne ou tympan, ainsi appelée à cause de deux membranes opposées qui la font comparer à un tambour, est une cavité osseuse, située dans la base du rocher, au dessus de la cavité glénoïde, entre le conduit auriculaire et l'oreille interne. Elle renferme une chaîne osseuse des muscles et des ligamens des muscles. Sa forme, qui est celle d'une tranche de cylindre irrégulière, permet de lui considérer une paroi *externe*, une paroi *interne*, et une *circonférence*.

A. *Paroi externe.* Elle est presque entièrement formée par la membrane du tympan qui est une cloison membraneuse, circulaire, sèche, mince, transparente comme le parchemin, enchassée à la manière d'un verre de montre, par sa circonférence dans la rainure que présente l'extrémité interne du conduit auditif, qu'elle sépare de la cavité tympanique. Cette membrane encore inconnue dans sa structure, semble être de nature fibreuse. Elle est tapissée en dehors par le prolongement de la couche cutanée du conduit auditif, en dedans par la muqueuse de la cavité du tympan. Cette surface interne adhère au manche du marteau, de telle manière que cette membrane présente à son centre une dépression infundi-buliforme en dehors et une saillie en dedans.

La membrane du tympan se dirige obliquemment en bas et en dedans, de sorte que la paroi inférieure du conduit auriculaire a plus d'étendue que la supérieure, et offre par sa réunion avec la membrane un angle de 45° environ.

La largeur de cette membrane, est un peu plus grande que l'ouverture qu'elle ferme, de là la facilité de sa tension et de son relâchement, ce qui lui permet peut-être de mieux transmettre les vibrations.

B. *Paroi interne.* Elle offre deux ouvertures remarquables qu'on appelle *fenêtre ovale* et *fenêtre ronde* et une éminence nommée *promontoire* qui les sépare.

La *fenêtre ovale* ou *vestibulaire* est une ouverture presque ovalaire, située à la partie supérieure et interne de cette paroi, immédiatement en dessous de la saillie qu'offre l'aqueduc de Fallope; son grand diamètre est horizontal et elle est entièrement fermée par la base de l'étrier qui est affermie par la membrane du labyrinthe qui lui est adhérente. Si cette ouverture n'était fermée par la base de l'étrier, elle établirait une large communication entre la caisse du tympan et le labyrinthe.

Au dessous de la fenêtre ovale, se trouve le *promontoire*, éminence assez large qui correspond au premier tour de spirale du limaçon, et qui est sillonée par les petits canaux de l'anastomose de Jacobson, qui établit une communication entre le glanglion otique et le glanglion glosso-pharyngien. Derrière la fenêtre ovale, se trouve une saillie plus ou moins marquée, qu'on nomme *pyramide.* Cette éminence est creusée par un conduit qui se divise en trois conduits secondaires, qui ont été décrits pour la première fois, par M. Huguier, prosecteur de la faculté, dans sa thèse qu'il a soutenue en 1834. De ce canal sort le *muscle* de l'étrier.

Au dessous du promontoire, se trouve une fossette, qui présente à son fond une membrane tendue qui ferme l'ouverture qu'on appelle *fenêtre ronde*. Cette ouverture, plutôt triangulaire que ronde, est aussi appelée *fenêtre cochléenne* parce qu'elle répond à la *cochlée*. La membrane qui la ferme, nommée *tympan secondaire* est présumée être formée par trois feuillets, dont l'un lui est propre, et les deux autres lui sont fournis en dedans par la réflexion de la membrane labyrinthique, et en dehors par celle de la cavité du tympan réflechie de la même manière.

Au devant et un peu en dessus de la fenêtre ovale, et en dessous de l'aqueduc de Fallope, se trouve l'orifice du conduit du *muscle interne du marteau* qui se réflechit dans une très courte étendue, pour regarder la membrane du tympan. Ce conduit forme là une saillie analogue à celle de la pyramide. M. Huguier est le premier anatomiste qui ait bien démontré la disposition du muscle interne du marteau. Ce n'est point un *bec de cuiller*, comme on le disait avant lui (parce que sa pratie externe qui fait saillie, mince et fragile, se détruit facilement dans les préparations), mais bien un conduit qui, parvenu à la partie antérieure de la caisse, abandomne la *trompe d'Eustache* à laquelle il était adossé et se prolonge de là dans la cavité du tympan, dans l'étendue de 3 lignes à 3 1/2, en s'adossant à la paroi interne, et se termine comme je l'ai dit, en parlant de son ouverture.

C. *Circonférence*. Elle ne présente rien de particulier *en haut* et *en bas*.

En haut et en arrière, on voit une large ouverture, appelée *arrière-cavité du tympan*, qui conduit dans les cellules mastoïdiennes. C'est à cette ouverture que se trouvent la tête du marteau, le corps et la branche horizontale de l'enclume.

En arrière, à la suite de l'arrière cavité, sont les cellules mastoïdiennes qui sont très nombreuses, et communiquent toutes entre elles. Elles occupent toute la portion mastoïdienne du temporal et la partie voisine du rocher. Les plus volumineuses occupent le centre de l'apophyse mastoïdienne. Elles sont toutes tapissées par une membrane fibro-muqueuse, qui se continue avec celle de la cavité du tympan.

En avant, se trouve la trompe *d'Eustache*, conduit qui se rétrécit insensiblement, en s'éloignant de la caisse qu'il fait communiquer avec le pharynx, et qu'on pourrait regarder comme la partie rétrécie de la cavité infundi-buliforme qu'il représente, la cavité du tympan en étant le renflement.

La *Trompe d'Eustache*, appelée aussi *conduit guttural* de l'oreille, est étendue dans une longueur de deux pouces environ, depuis la caisse du tympan jusqu'à la partie supérieure et latérale du pharynx où elle se termine par une extrémité évasée et libre, appelée *pavillon de la trompe*. Celui-ci, est placé un peu au-dessus de la partie du pharynx qui est immédiatement en arrière du cornet inférieur. Sa disposition est très utile à connaître, pour pratiquer le cathétérisme et l'injection de la trompe d'Eustache, opérations qui sont devenues très usitées, depuis qu'on s'occupe mieux des maladies de l'oreille.

La trompe d'Eustache est constituée par deux portions, l'une *osseuse* et l'autre *fibro-cartilagineuse*. *La portion osseuse* n'est autre chose que l'angle rentrant qui résulte de l'union du sphénoïde avec le temporal, et la *portion fibreuse et cartilagineuse*, forme le reste du conduit, dont la moitié interne est occupée par le cartilage qui est en forme de gouttière, et la moitié externe par une membrane fibreuse qui, de ce cartilage se rend à la portion osseuse. Ce conduit qui admet à peine un stylet de trousse, est tapissé dans son intérieur par un prolongement de la muqueuse pharyngienne qui se continue ainsi avec celle de la cavité du tympan.

DES OSSELETS DE L'OUIE.

La cavité du tympan est traversée de dehors en dedans par une chaîne osseuse qui représente un angle droit de l'enclume à l'étrier, dont la partie rentrante est tournée directement en haut. Cette chaîne composée de trois osselets articulés entre eux, s'étend depuis la membrane du tympan, jusqu'à la fenêtre ovale. Ces osselets sont désignés sous le nom de *marteau*, *d'enclume* et *d'étrier*.

Le marteau est le plus externe de tous, il est placé devant l'enclume et à la moitié supérieure de la membrane du tympan. Il offre une tête, un col, un manche et deux apophyses dont l'antérieure en forme d'épine naît de la partie inférieure du col, et a reçu le nom d'apophyse de *Raw*, elle donne attache à un cordon fibreux; l'autre moins longue et dirigée en dehors soulève la partie du tympan près de sa circonférence. La *tête* supportée par le col s'articule en arrière avec l'enclume. Le *col* est cette partie rétrécie qui sépare la tête des deux apophyses. Le *manche*, dirigé verticalement en bas, est appliqué contre la face interne de la membrane du tympan, dans l'étendue du rayon qu'il représente, et forme avec le col et la tête un angle très obtus, tourné en dedans.

L'enclume est placé derrière le marteau, et en dedans par sa branche inférieure. Il ressemble à une petite molaire, dont les deux racines sont représentées par les deux branches. Il ressemblerait assez bien à l'instrument sur lequel on bat les métaux et qui lui a donné son nom, si la surface articulée était plane. Le *corps* situé dans l'arrière cavité du tympan et dirigé en avant, offre une surface concave articulée avec la tête du marteau. La *supérieure* des deux branches, est placée horizontalement derrière le corps, et semble un peu fixée par son extrémité. La branche *inférieure* se porte en bas parallèlement au manche du marteau, et se termine par un petit tubercule, dont la disposition représente un crochet qui s'articule avec la tête de l'étrier. Les anatomistes modernes, s'accordent à regarder ce tubercule, comme une dépendance de l'enclume, que les anciens désignaient sous le nom d'*os lenticulaire*, parce qu'ils croyaient qu'il s'articulait avec l'enclume, comme une dépendance de ce dernier os. Ils ont raison, car on le trouve toujours, chez l'enfant comme chez l'adulte, soudé à la branche de l'enclume.

L'*étrier* termine la chaîne osseuse, et se trouve placé horizontalement, entre la branche inférieure de l'enclume et la fenêtre vestibulaire. Sa forme est exactement celle de l'instrument dont il porte le nom. Il est formé d'une *plaque* ou *base* et de deux *branches* qui en partent et se réunissent à angle aigu à la tête. La base ferme presque exactement la fenêtre ovale, dont elle a la forme. Sa surface libre et convexe forme une légère saillie dans le vestibule. Les parties des deux branches qui se regardent, offrent chacune une cannelure à laquelle s'insère, dit-on, une membrane dont l'existence n'est pas constante. J'ai désarticulé un grand nombre d'étriers sans jamais l'avoir rencontrée. La tête de l'étrier présente une surface qui s'articule avec le tubercule de l'enclume. Cette articulation se trouve au sommet de l'angle droit, représenté par la direction de l'étrier et celle de la longue branche de l'enclume.

DES MUSCLES DES OSSELETS DE L'OUIE.

Il y a divergence parmi les anatomistes qui se sont formé une opinion sur ces muscles. Les uns en admettent quatre, les autres n'admettent que le muscle interne du marteau, considérant les autres comme de simples ligamens. M. Breschet en admet deux : le muscle interne du marteau et celui de l'étrier; et M. Cruveilhier, certain qu'on ne peut démontrer d'une manière rigoureuse que le muscle interne du marteau, suspend son jugement sur l'existence ou la non existence des autres.

J'admets moi-même le muscle de l'étrier, malgré l'autorité d'un anatomiste aussi distingué que le professeur Cruveilhier, qui dit l'avoir examiné en vain à la loupe, sans avoir pu lui reconnaître la nature musculeuse. Son existence est reconnue par le professeur Breschet qui s'est long-temps occupé d'une manière spéciale de cette partie si difficile de l'anatomie, dans toute la classe des animaux vertébrés, et qui l'a rencontré dans les mammifères.

Muscle interne du marteau (tensor tympani, Sœmmering). Ce muscle contenu dans le canal osseux que j'ai décrit, naît de la portion cartilagineuse de la trompe et du sphénoïde, derrière le trou sphéno-épineux, parvient à la portion réfléchie de son canal, se réfléchit comme lui par son tendon à angle

droit, et vient s'insérer à la partie interne et antérieure du marteau, au-dessous de l'apophyse de Raw.

Muscle de l'étrier (laxator tympani, M. Breschet).
C'est un très petit muscle, le plus petit du corps
humain, qui sort de la pyramide, dans l'intérieur
de laquelle il prend naissance, et va se terminer
derrière le col de l'étrier.

DES LIGAMENS DES OSSELETS DE L'OUIE

Ces ligamens, au nombre de deux, ont été consi-
dérés comme des muscles par beaucoup d'anatomistes.

Ligament antérieur du marteau (grand muscle externe, Meckel). C'est un cordon fibreux qui naît
de l'épine du sphénoïde, traverse la fissure de Glaser, et vient se fixer au sommet de l'apophyse de Raw.

Ligament externe du marteau (petit muscle externe, Meckel). Ce cordon ligamenteux s'étend de
la partie supérieure du cadre tympanal à la courte
apophyse du marteau.

DE LA CORDE DU TYMPAN.

Avant M. Huguier, on faisait décrire à la corde
du tympan, un trajet qu'elle n'a pas, et cette erreur
s'était répandue dans tous les ouvrages.

C'est de la partie externe de la base de la pyramide, et non de dessous elle, que la branche du nerf facial (nerf vidien) pénètre dans le tympan pour prendre le nom de *corde du tympan;* cette ouverture d'entrée est oblique, et placée presque immédiatement derrière la rainure qui reçoit la circonférence de la membrane du tympan. Par cette disposition, le filet nerveux est en contact avec celle-ci, et lui adhère le plus souvent. Il décrit dans cette partie un trajet curviligne à concavité inférieure, passe entre le manche du marteau et la longue branche de l'enclume, et s'engage de là dans le canal qui lui est propre, et non dans la fissure de Glaser, comme on le croyait avant M. Huguier. Ce canal très étroit, long de 5 à 6 lignes, est placé parallèlement à la scissure de Glaser, et à la trompe d'Eustache, entre lesquelles il se trouve.

DE LA MEMBRANE QUI TAPISSE LA CAISSE DU TYMPAN.

Cette membrane, très mince, qui sert de périoste aux parties auxquelles il se distribue, est de nature fibro-muqueuse; elle est un prolongement de la muqueuse du pharynx, qui pénètre par la trompe d'Eustache dans le tympan, en tapisse toutes les parties qu'il renferme, enveloppe la chaîne osseuse, sert de moyen d'union à ses articulations, et s'insinue de là dans les cellules mastoïdiennes pour les tapisser dans leur entier.

3° DE L'OREILLE INTERNE.

L'oreille interne ou *labyrinthe*, est la partie la plus profonde, la plus compliquée et la plus difficile de tout l'appareil auditif ; elle est creusée dans la partie la plus compacte du rocher, dans le centre duquel elle décrit plusieurs détours, et consiste en un assemblage de canaux qui communiquent entre eux, et renferment des liquides et des parties membraneuses. A cause de cette disposition, l'oreille interne a été divisée en *labyrinthe osseux* et en *labyrinthe membraneux*, qui est la partie essentielle de l'ouïe. Cette dernière partie est aussi la plus délicate du corps.

A. DU LABYRINTHE OSSEUX.

Il est tapissé dans son intérieur par une membrane, espèce de périoste extrêmement fin et très adhérent aux parois. On pense que c'est cette membrane qui exhale le liquide de Cotugno.

Tous les anatomistes divisent le labyrinthe osseux en trois parties bien distinctes, qui sont : le *vestibule*, les *canaux demi-circulaires* et le *limaçon*.

A. *Vestibule.* Il est le centre du labyrinthe, espèce de carrefour (forum metallicum, Vésale), où viennent s'emboucher les canaux demi-circulaires et une rampe du limaçon ; c'est une cavité irrégulièrement sphéroïde, placée au-dedans de la cavité du tympan, au bas de laquelle elle forme, avec le commencement du limaçon, une saillie qui est le *promontoire*. En avant et en bas, elle est bornée par le limaçon; en arrière et en haut, par les canaux demi-circulaires; et en dedans par le conduit auditif interne.

Le vestibule présente sept ouvertures qui offrent des communications qu'il est très important de connaître. Ces ouvertures sont: 1° la fenêtre ovale; 2° les cinq embouchures des canaux demi-circulaires; 3° l'orifice de la rampe vestibulaire. On voit encore sur la paroi postérieure l'orifice imperceptible de l'*aqueduc du limaçon*, qui s'étend de cette cavité à la partie postérieure du rocher où il s'ouvre, et du côté du conduit auditif interne des parties vasculaires et nerveuses.

B. *Canaux demi-circulaires*. Ils sont au nombre de trois, et situés en arrière et en haut du vestibule; leur ensemble représente une pyramide dont la base serait tournée en arrière et le sommet en avant. Deux sont *verticaux*, et le troisième *horizontal*. Chacun d'eux se termine par une extrémité dilatée. Des deux verticaux, l'un est *antérieur* et l'autre *postérieur*, l'horizontal est *externe*.

Le *canal vertical antérieur* qui s'élève au-dessus des autres, s'ouvre en dehors à la partie supérieure de la cavité vestibulaire, par son extrémité dilatée, et en dedans par le canal commun qu'il forme en se réunissant avec le canal vertical postérieur.

Le *canal vertical postérieur*, placé au-dessous du précédent, et en dedans de l'horizontal, concourt à former par son extrémité supérieure le canal commun, qui s'ouvre en haut et en dedans du vestibule ; et par son extrémité inférieure ou renflée, il entre dans le vestibule par la partie inférieure.

Enfin le *canal horizontal* ou *externe* s'ouvre par deux extrémités libres, dont la renflée est en avant et l'autre en arrière.

c. *Limaçon* ou *cochlée*. Il est ainsi appelé parce qu'il ressemble à la coquille du mollusque dont il porte le nom ; il est situé en avant du vestibule, et en dedans de la caisse du tympan. Sa base est au fond du conduit auditif interne, et son sommet est tourné en avant et en bas. Il offre une cavité en forme de canal spiroïde, qui décrit deux tours et demi, et qui est divisée en deux parties appelées *rampes*, par une cloison qui contourne de la base au sommet, l'axe ou *columelle*.

Les parties à considérer dans le limaçon, sont : la *lame des contours*, la *lame spirale*, la *columelle*, les *deux rampes* et l'*aqueduc*.

1° La *lame des contours* est ce qui forme les parois ou la coquille du limaçon ; elle est entièrement compacte ; 2° la *lame spirale* est une cloison qui divise la cavité du limaçon en deux cavités plus petites qu'on appelle *rampes*; elle représente exactement le filet d'une vis. Née de l'endroit qui sépare le vestibule de la fenêtre ronde, sa largeur décroît de la base au sommet de la columelle qu'elle contourne deux fois et demi. M. Breschet considère cette lame comme formée de trois parties qu'il nomme *zónes*. La plus interne, intimement fixée à la columelle, est appelée *zóne osseuse*; l'externe est la *zóne membraneuse*, et celle du milieu qui est demi-osseuse et demi-membraneuse, a reçu le nom de *zóne médiane*. La zône membraneuse adhère à la lame des contour. Ainsi disposée, la lame en spirale sé-pare complétement les deux rampes l'une de l'autre, et ne laisse qu'une communication qui se trouve au sommet de l'axe; là, elle se termine par la zône osseuse seule, en forme de crochet.

3° La *columelle* ou *axe du limaçon* est un noyau osseux, conique, qui se dirige horizontalement en dehors du fond du conduit auditif interne, et au-tour duquel la lame spirale s'enroule. Il est percé d'une foule de petits conduits pour le passage des nerfs du limaçon. Sa base, qui en est criblée, offre les orificespar où les nerfs pénètrent; son sommet s'élève jusqu'à la coupole ou voute du limaçon. Suivant **M.** Breschet, lorsque la lame spirale arrive à cette partie saillante qui termine la columelle, elle l'abandonne par son bord interne, et donne lieu, de cette manière, à une ouverture qui fait communiquer les deux rampes. Cet orifice de com-munication qui a la forme d'un demi-cercle, a été nommé par **M.** Breschet *hélicotrème*, de *élix*, ligne spirale, et de *tréma*, trou.

4° Les rampes sont distinguées en *rampe vestibu-laire* et en *rampe tympanique*. La première, placée un peu au-dessus de l'autre, communique directement avec le vestibule, et est un peu plus grande, mais

moins étendue qu'elle; la rampe tympanique correspond à la fenêtre ovale et est séparée du tympan par
la membrane qui la ferme.

5° L'*aqueduc du limaçon* est un conduit extrêmement étroit, comme celui du vestibule qui s'ouvre,
d'une part, près de la fenêtre ronde, et de l'autre,
au bord inférieur du rocher, par un orifice évasé,
à côté de la fosse jugulaire.

B. LABYRINTHE MEMBRANEUX.

Cette partie la plus intéressante de l'oreille interne, qu'on doit regarder comme le *sanctuaire de
l'ouïe*, a été bien décrite pour la première fois, en
1789, par Comparetti, et surtout par le célèbre
Scarpa; mais elle a été encore mieux démontrée
dans ces derniers temps par M. Breschet, dans son
précieux Mémoire sur l'organe de l'ouïe chez les
animaux vertébrés. La description qu'il donne de
celui de l'homme, lequel est parfaitement figuré
sur une de ses planches, est la plus complète que
nous ayons eue jusqu'à ce jour; et si elle n'a pas
été créée en partie par l'analogie, je doute que nous
puissions en avoir, de long-temps, une meilleure.

Ce savant anatomiste a jeté un nouveau jour sur
la partie la plus essentielle de l'organe de l'ouïe
par les découvertes importantes qu'il y a faites;
aussi est-ce en me fondant sur ce qu'il a écrit, que
je trace le tableau du labyrinthe membraneux; car
j'avouerai que je n'ai jamais pu le voir d'une ma-

nière suffisante pour le décrire moi-même, malgré tous les soins que j'y ai mis, en coupant des rochers en grand nombre et de diverses manières. Dans cette étude qui a été pour moi très laborieuse, j'ai observé que les cavités du labyrinthe n'étaient jamais remplies en entier par les liquides qu'elles contiennent, comme l'assure M. Breschet, et que les parties molles occupaient moins de la moitié de la place qu'il leur accorde. Rarement j'ai pu les voir d'une manière distincte ; j'ai rencontré quelquefois de petits corps pleins de liquides, lesquels étaient renflés dans le vestibule, et cylindriques dans les canaux demi-circulaires. Une seule fois j'ai examiné un de ces derniers en le saisissant avec les pinces , et je me suis aperçu qu'en le suspendant, il sortait de son extrémité inférieure de l'endolymphe claire et limpide qui se ramassait en globule. Dans le vestibule , j'ai souvent vu des membranes qui le traversaient, c'était probablement le *septum membrano-nerveux* des anciens , résultat des débris du sinus médian et du sac.

Le *labyrinthe membraneux* est composé de *trois tubes demi-circulaires*, du *sinus médian* et *du sac* , et ne remplit que la moitié, à peu près, du labyrinthe osseux ; tout l'espace qui se trouve entre eux, est rempli par l'humeur limpide et albumineuse de Cotugno. Le limaçon ne contient rien du labyrinthe membraneux, il est seulement occupé par ce dernier liquide. Cet appareil membraneux formé par des parois minces et transparentes, dont la nature est inconnue, flotte au milieu du liquide de Cotugno, et ne semble adhérer aux surfaces osseuses que par les points d'où il reçoit des filamens nerveux.

A. Les *canaux demi-circulaires membraneux* (tubes demi-circulaires, M. Breschet), ressemblent en tout aux canaux demi-circulaires; ils sont seulement plus petits, et ne remplissent à peu près que le quart de leur capacité. Ils ont absolument la même configuration et ont reçu les mêmes dénominations; ils ont les mêmes extrémités pourvues d'une ampoule. Les trois tubes demi-circulaires fléchis en demi-cercle, se rendent par leurs cinq extrémités à une sorte de poche allongée, que M. Breschet a désigné sous le nom de *sinus médian*, et que les autres anatomistes appellent *utricule*.

B. Le sinus médian est une poche membraneuse, de laquelle partent et à laquelle arrivent les trois tubes demi-circulaires; oblong, légèrement comprimé de dehors en dedans, et dirigé d'arrière en avant, il occupe la partie supérieure du vestibule. Il est aux tubes demi-circulaires, ce que le vestibule est aux canaux de même nom. Les deux ampoules des tubes *antérieur* et *externe*, adhèrent à la partie antérieure du sinus, celle du postérieur à sa partie postérieure. L'extrémité commune (tuyau commun), s'ouvre dans le milieu, et l'extrémité non renflée du tube externe derrière celui-ci.

A chaque ampoule se fait un petit épanouissement nerveux, extrêmement délicat, qui fait saillie à leur intérieur. Le sinus médian reçoit aussi un épanouissement nerveux ; mais celui-ci, moins saillant que ceux des ampoules, présente un amas de poudre calcaire blanche.

c. Le *sac*, arrière-cavité du sinus médian, est une autre petite poche membraneuse qui se trouve au-dessous de lui et lui adhère. Il s'étend jusqu'auprès de l'entrée de la rampe vestibulaire. L'extrême délicatesse des parties n'a pas permis à M. Breschet de s'assurer si la cavité du sinus médian communique avec celle du sac. M. Cruveilhier aussi n'a pu y parvenir. Comme dans le sinus médian, au milieu du liquide du sac, flotte un amas de poudre calcaire. Dans le labyrinthe osseux, tout ce qui n'est pas occupé par le labyrinthe membraneux est rempli par le liquide de Cotugno, que M. Breschet appelle *périlymphe*.

D. La périlymphe peut parcourir librement les diverses cavités du labyrinthe osseux qu'elle met en communication. La périlymphe qui occupe la rampe tympanique, communique avec celle qui se trouve dans la rampe du vestibule, au moyen de l'hélicotrème. La base de l'étrier est séparée du labyrinthe membraneux par ce liquide.

E. *Endolymphe*. C'est un autre liquide auquel M. Breschet a donné ce nom, qui est contenu dans la cavité du labyrinthe membraneux ; c'est la *vitrine auditive* de M. de Blainville qu'il désigne ainsi, parce qu'elle ressemble à l'humeur vitrée de l'œil. Cette humeur est presque aussi claire que le plus beau cristal, et presque aussi limpide que l'eau.

F. *Otoconie*. L'étude comparative du labyrinthe chez les animaux, a mené **M.** Breschet à la découverte d'une matière calcaire, pulvérulente , d'une finesse extrême ; ce sont les amas de poudre calcaire que j'ai dit se trouver sur les épanouissemens nerveux du sinus médian, et du sac. Tous les deux se trouvent en contact immédiat avec les globules nerveux qui sont, en quelque sorte , dépouillés de leur névrilemme. M. Breschet a désigné cette poudre sous le nom d'*otoconie* (de *otos*, oreille, et *conis*, poudre).

L'*otoconie* est un vestige des pierres (otolithes) , qu'on rencontre dans le labyrinthe membraneux des poissons. M. Ernest Barruel qui les a analysées, sur la demande de M. Breschet, a trouvé qu'elles étaient composées d'une matière animale , de carbonate de chaux, et quelquefois de carbonate de magnésie.

NERFS ACOUSTIQUES.

Les *nerfs acoustiques* ou *auditifs* proviennent de la portion molle de la septième paire qui est le nerf spécial de l'ouïe. Ce nerf né de la paroi antérieure du quatrième ventricule , et de la partie correspondante de la protubérance annulaire , se dirige en dehors vers le conduit auditif, au fond duquel il se divise en deux branches, l'une *antérieure* et l'autre *postérieure*. Avant d'arriver à leur destination, les filets nerveux qui en naissent, passent tous par des conduits extrêmement fins. M. Breschet donne le nom de nerf *auditif antérieur* à la branche antérieure qui fournit des filets au sinus médian et aux deux ampoules antérieures, et celui d'*auditif postérieur*, à la branche postérieure qui fournit les filets qui se rendent à l'ampoule postérieure, au sac et au limaçon.

Les filets nerveux des ampoules diffèrent de ceux du sinus médian et du sac. Ceux des ampoules forment dans leur intérieur une saillie remarquable, et sont dépourvus d'otoconie ; ceux du sinus médian et du sac se terminent en formant moins de saillie, et leurs globules, en quelque sorte dépouillés de leur névrilemme, sont en contact immédiat avec l'otoconie. Quant au rameau du limaçon, je ne suivrai point M. Breschet dans la savante description qu'il a faite de la trame de la lame spirale, en suivant le trajet des filets nerveux. Je me bornerai à dire que ces filets nerveux, après avoir traversé les petits conduits que leur offre l'axe du limaçon, s'étalent sur la portion osseuse de la lame spirale, et vont, de là, se rendre en rayonnant à la portion membraneuse qu'ils forment en s'anastomosant entre eux.

Nota. Le *ganglion maxillo-tympanique* ou *ganglion otique* d'Arnold, qui est situé à la partie postérieure et inférieure du trou ovale, fournit un filet qui se rend au muscle interne du marteau.

DEUXIÈME PARTIE.

DE L'ACOUSTIQUE.

Cette partie ne renferme point, commme l'on pourrait le penser par son énoncé, une histoire complète de l'acoustique : je n'y ai traité que ce qui a le plus de rapport avec mon sujet, et les phénomènes les plus importans de cette partie intéressante de la physique.

CE QU'EST LE SON. — SA PRODUCTION.

Le *son* est l'effet d'une suite de mouvemens extrêmement prompts et rapides qui, produits par l'ébranlement des molécules des corps élastiques, viennent impressionner l'organe de l'ouïe.

Ces mouvemens rapides, imprimés à la matière, sont des *oscillations* ou mouvemens de *va et vient* qu'on appelle aussi *vibrations*. Je me servirai le plus souvent de cette dernière dénomination.

Ce phénomène est très sensible sur une corde de violon ou d'un autre instrument, si on la pince ou qu'on lui donne un coup d'archet, on voit à l'instant des milliers d'oscillations se produire. L'œil peut constater leur état, mais elles sont trop rapides pour qu'il puisse les saisir. On donne aussi le nom de *son* au mouvement vibratoire lui-même. Ainsi,

lorsque les molécules d'un corps sont mises en mouvement, les vibrations qui en résultent se communiquent à l'air qui les transmet de proche en proche
à notre oreille, et on dit alors que le son s'est pro-
pagé de ce corps à notre organe. Pour que le son ait
lieu, il faut qu'il y ait toujours une suite non inter-
rompue de milieux pondérables entre le corps sonore
et l'oreille, afin que les vibrations puissent y arriver,
car le son ne se produit point dans le vide, comme
je le démontrerai plus bas.

Quelques écrivains modernes se refusant à admettre que le son est simplement le résultat des vibrations des corps sonores, ont imaginé un fluide particulier qui en serait la matière propre, lequel jouirait
suivant eux, de la propriété de s'insinuer dans tous
les corps. Ainsi, **M.** Lamarck croit qu'il existe un
fluide invisible, très subtil, singulièrement élastique,
d'une rareté extrême, pénétrant facilement tous les
corps répandus dans toutes les parties de notre globe
et dans l'air atmosphérique, aux vibrations duquel
il faut rapporter la cause immédiate du son. **M.** Geof-
froy-Saint-Hylaire conjecture que la production du
son résulte de l'union de l'air extérieur avec l'air
poralisé par le corps sonore. Cet air poralisé serait
lui-même une combinaison de l'un des principes du
calorique avec des molécules de l'air.

Je ne me basarderai point ici à juger les opinions
de ces savans ; ce serait bien téméraire de ma part,
avec mes faibles connaissances en physique; qu'il me
suffise de dire que j'aime mieux adopter l'opinion

généralement reçue que le *son est un mouvement particulier excité dans la matière pondérable* , comme le définit très bien M. Pouillet, professeur distingué de la Sorbonne.

Tous les corps produisent des sons, pourvu qu'ils soient doués d'un certain degré d'élasticité, et à densité égale, ils sont d'autant plus sonores, qu'ils sont plus élastiques; de même, plus le milieu dans lequel le son est produit a de densité, l'élasticité restant la même, plus il s'entend de loin et plus son intensité est grande.

DE LA PROPAGATION DU SON.

L'air est de tous les corps, celui qui nous transmet le plus souvent des vibrations sonores. Plongés sans cesse au sein de l'atmosphère qui embrasse tout ce qui nous entoure, il est rare que les molécules d'un corps placé peu loin de nous, soient mises en mouvement, sans que l'air qui l'enveloppe et qui reçoit ses vibrations ne les transmette à notre organe, en ébranlant la membrane du tympan.

Le son s'affaiblit à mesure que l'air est raréfié.

Les expérimentateurs qui sont arrivés sur les montagnes les plus élevées, ceux qui sont parvenus en ballon dans les hautes régions de l'atmosphère, ont tous observé que les sons de leur voix s'étaient affaiblis et qu'ils ne pouvaient s'entendre eux-mêmes qu'à des distances très courtes. De Saussure a observé qu'à la cime du Mont-Blanc, un coup de pistolet ne fait pas plus de bruit qu'un petit pétard n'en fait dans une chambre. (*Voyage dans les Alpes,* t. 4, p. 207).

Le son est d'autant plus faible, que l'air où il se forme est plus raréfié, et il ne peut se propager que là où il y a une matière pondérable.

Ainsi, qu'on dispose, pour s'en convaincre, un mouvement d'horlogerie sous le récipient d'une machine pneumatique, qu'on le repose sur un coussinet de coton ou d'une autre substance semblable, pour que le son ne se transmette pas par les corps solides; qu'on fasse le vide le plus exactement possible, et qu'après cela, au moyen d'une tige qui traverse la partie supérieure du récipient, on détermine le mouvement du rouage, et l'on verra à l'instant que le marteau frappe le timbre par intervalle sans faire entendre le moindre bruit. Si au contraire on donne un peu d'air, on obtient déjà un peu de bruit, et le son devient d'autant plus intense qu'on fait pénétrer une plus grande quantité d'air.

« Le son diminue d'intensité, dit **M. Pouillet,** dans son excellent ouvrage de physique, par une double cause : il diminue parce que la distance augmente et parce que l'air dans lequel il pénètre est de plus en plus raréfié; et il ajoute : les bruits les plus violens qui retentissent sur la terre, ne peuvent pas sortir des limites de l'atmosphère, ils s'affaiblissent à mesure qu'ils en approchent et s'éloignent, sans pouvoir les franchir. Réciproquement, nul bruit ne peut venir des espaces célestes jusqu'à la terre; les plus terribles explosion pourraient éclater sur le globe, sans qu'il nous soit donné d'en entendre le moindre retentissement. » Cependant, malgré cette modification de l'air dans les hautes régions de l'at-mosphère, des sons d'une très grande intensité peuvent encore arriver à nous dans les régions inférieures, d'élévations beaucoup plus grandes que celles des plus hautes montagnes. On dit que le météore qui passa sur l'*Italie*, en 1714, à une hauteur de douze lieues, remplissait l'air d'une espèce de sifflement semblable à celui d'un feu d'artifice. En passant sur *Livourne*, il fit entendre une détonation analogue à celle d'une pièce de siége, suivie d'un bruit qui imitait le roulement produit par la chute des pierres dont une charrette est chargée.

Quand on frappe l'air immédiatement, on produit en lui des vibrations sonores. Ainsi, l'air éclate sous le fouet qui le frappe, et siffle quand on le fend avec une verge. L'air entre encore en vibration lorsqu'il se précipite avec vitesse contre les corps solides. Les vents impétueux produisent, en se précipitant contre les maisons et d'autres corps solides, des sifflemens terribles. Combien de fois n'ai-je pas été témoin, dans mon pays natal, des effets du *mistral* (vent nord-ouest du midi de la France). Quand il souffle avec violence, les maisons en frémissent, et on entend dans les airs des bruits de toute espèce et des siffle-mens susceptibles quelquefois d'effrayer toute personne qui n'en connaîtrait pas la cause. Au milieu des forêts qu'il met en mouvement, et dont il fait craquer les arbres, il produit un bruit semblable à celui auquel donnent lieu les vagues de la mer, lorsque, fortement agitées, elles viennent se briser sur le rivage.

Tous les autres fluides élastiquesjouissent comme l'air de la propriété de transmettre les vibrations des corps sonores. On le démontre facilement par la même expérience que ci-dessus. On dispose de la même manière un mouvement d'horlogerie, et on remplit le récipient d'un gaz ou d'une vapeur quelconque. Le marteau choque le timbre, et un bruit se fait entendre. Si l'on diminue la quantité du fluide qu'on a fait passer sous le récipient, le son s'affaiblit, et si on continue à en faire sortir, le son diminuant d'autant plus qu'on en fait sortir davantage, finit par ne plus se faire entendre, quoique le marteau continue de frapper le timbre. L'intensité avec laquelle le son se transmet dans un gaz, est d'autant plus faible que la densité de ce gaz est moindre.

L'eau transmet très bien les vibrattons sonores. Le plongeur entend ce qu'on dit sur le rivage, et du rivage on peut entendre le bruit des cailloux qui roulent sous l'eau à une certaine profondeur.

Au rapport d'Herschell (1), fils du célèbre astro-

(1) J'insère ici quelques faits étonnans, dont je n'aurais pas osé faire mention, si je ne les avais lus dans un excellent article du docteur Herschel, intitulé : *Nouvelles expériences sur le son*, qu'on trouvera dans la Revue Britannique, cahier du mois de mars 1831. Le docteur Herschel, habile physicien et grand astronome comme son illustre père, s'est rendu trop recommandable pour ne pas citer ce qu'il a publié.

nome, le docteur Clark, son collègue, aurait entendu, en se rendant de l'Asie mineure en Épypte, le bruit d'un combat naval qui s'était engagé à quarante-trois lieues environ.

Les corps solides sont les corps qui transmettent le mieux le son et avec le plus de rapidité. L'expérience suivante, si facile à exécuter, que citent tous les auteurs, prouve combien un corps solide propage le son avec plus d'intensité et de rapidité que l'air : si un observateur applique exactement son oreille sur l'une des extrémités d'une longue poutre d'un bois dense, et qu'une personne placée à l'autre extrémité la frappe avec la tête d'une épingle, il entendra le bruit d'une manière plus distincte que la personne qui aura frappé à l'autre bout, et cela parce que celle-ci n'a reçu le son que par l'intermédiaire de l'air. Si on applique l'oreille à terre, en se couchant sur le côté, on peut entendre les coups de canon d'un siége à des longues distances. Dans une campagne, on entend ainsi le bruit de la cavalerie de l'artillerie, de l'ennemi, bien avant qu'on puisse l'entendre par l'air. Mais il faut que le sol soit sec et dur, ou qu'il repose sur une couche de rocher. Le savant Herschell raconte que le lieutenant Forster pouvait s'entretenir avec un homme au-dessus de la glace du port Bower, à la distance d'un quart de lieue, et que le docteur Young apprend, sous la garantie de Denham, que la voix humaine se faisait entendre à Gibraltar à plus de trois lieues. Le même auteur rapporte encore que des canons tirés en Carlscron, furent entendus en Danemarck, à quarante lieues ; qu'en 1685, Heam ouït des coups de canons tirés à Stokholm, à la distance de soixante lieues, et qu'une canonnade, dans un engagement naval entre les Anglais et les Hollandais, fut entendue en Angleterre, en 1672, jusque dans le pays de Galles, à environ soixante six lieues.

Les brouillards, la pluie diminuent la propagation du son ; mais une couche de neige nouvellement tombée, produit des résultats encore plus marqués.

Un officier qui a servi dans la campagne d'Amérique, a raconté à Herschell, un fait de ce genre :

Une rivière séparait les lignes anglaises des lignes américaines, et les avant-postes étaient si rapprochés, qu'il était facile de distinguer d'une rive à l'autre ceux qui en faisaient partie. L'attention de cet officier fut attirée par un tambour qui commença à battre sa caisse. Il distinguait parfaitement le mouvement des bras du tambour, sans entendre un seul son. Une couche de neige, fraîchement tombée, l'étouffait en produisant les phénomènes du tambour drapé.

Les vibrations, desquelles résultent le son, peuvent être considérées suivant leur étendue, leur nombre et leur vitesse en un temps donné.

1° DES VIBRATIONS CONSIDÉRÉES SOUS LE RAPPORT

DE LEUR ÉTENDUE.

Le son le plus grave que notre oreille puisse percevoir, a une longueur d'oscillation de trente-deux pieds, et celles qui n'ont que dix-huit lignes, sont présumées venir frapper la membrane du tympan, sans qu'il en résulte aucune sensation distincte. Deux oscillations de même longueur donnent l'unisson parfaite. Tout corps sonore tend à vibrer à l'unisson d'un autre corps que l'on fait vibrer dans le même lieu où il se trouve. Le rapport de gravité et d'acuité de deux sons, est ce qu'on appelle *ton*.

« L'*intensité* du son, dit M. Pouillet, ne peut pas dépendre de la longueur de ondes (oscillations), elle dépend seulement des compressions plus ou moins fortes, ou des vîtesses plus ou moins grandes que l'air a reçues du corps sonore, et qui se transmettent de couche en couche jusqu'à notre organe. Une corde de basse, dit ce savant physicien, peut être à l'unisson avec le bruit déchirant du tam-tam; c'est-à-dire, que les ondes sont de même longueur, mais l'air, frappé par le tam-tam, accomplit des vibrations dont l'amplitude est beaucoup plus grande ; c'est là ce qui fait son intensité assourdissante. »

2° DES VIBRATIONS CONSIDÉRÉES SOUS LE RAPPORT DE LEUR NOMBRE.

La *gravité* et *l'acuité* des sons dépend aussi du nombre des vibrations en un temps donné.

En général, quand le nombre des vibrations est au dessous de 30 par seconde, le son est trop grave pour être entendu. Les sons les plus aigus que l'oreille puisse percevoir, s'élèvent suivant M. Savart, au moins à 48,000 vibrations. Dans les expériences où cet habile physicien en a fait la démonstration, ces sons étaient perceptibles pour toutes les personnes qui étaient présentes. Ainsi, d'après lui, il n'est pas exact d'avancer, comme l'a fait Wollaston, que la limite au-delà de laquelle on ne peut plus percevoir des sons aigus, n'est pas la même pour les différens individus. Un son aigu, qui perçu par une personne ne l'est pas par une autre, ne l'est pas à cause du degré de son acuité, mais à cause du degré de son intensité. D'après le résultat de ses expériences, il lui a semblé qu'il aurait pu produire un plus grand nombre de vibrations perceptibles, s'il avait eu à sa disposition toutes les machines qui lui étaient nécessaires (Annales de phys. et de chim., t. 44, p. 337. an. 1830). Avant que M. Savart eût fait ces expériences, on croyait qu'au-delà de 12 à 15,000 vibrations, le son devenait trop aigu pour que l'oreille en éprouvât une sensation distincte.

On a calculé que la voix d'homme est produite par 190 vibrations par seconde, pour le son le plus grave, et 678 pour le son le plus aigu; et la voix de femme par 572 vibrations pour le son le plus grave et 1606 pour le son le plus aigu. En deçà et au-delà des deux limites marquées par les nombres des vibrations où les sons sont encore perceptibles, il n'y a que du *bruit*.

La différence qu'il y a entre le bruit et le son, tient à ce que le son résulte de vibrations permanentes et régulières que l'oreille peut compter, tandis que le bruit est produit par des vibrations non permanentes et irrégulières dont notre organe ne peut distinguer le nombre.

Si vous abordez un village un jour de foire, les clameurs du peuple, les accens de joie, les rires, les cris des enfans ne vous semblent qu'une masse confuse; mais vous distinguez facilement au milieu de ce bruit le chant du flageolet, de la clarinette et du violon qui composent l'orchestre des villageois qui se livrent à la danse.

Le *timbre* est, suivant beaucoup de physiciens, la qualité que donne au son la nature du corps sonore. C'est par le timbre que nous distinguons les sons des divers instrumens. Suivant le professeur de la Sorbonne, le timbre paraît dépendre de l'ordre dans lequel se succèdent les vitesses et les changemens de densité, dans les différentes tranches d'air qui sont comprises entre les deux extrèmes de l'onde.

On dit qu'un son est à l'octave d'un autre, lorsqu'il

est composé du nombre de vibrations double. Dans la *gamme* ou *échelle diatonique* qui est représentée par *ut, re, mi, fa, sol, la, si*, l'intervalle de *ut* à *re* est appelé une *seconde*, de *ut* à *mi* une *tierce*, de *ut* à *fa* une *quarte*, de *ut* à *sol* une *quinte*, de *ut* à *la* une *sixième*, de *ut* à *si* une *septième*, et si on monte plus haut, on trouve de *ut* à *ut* une *octave*.

3° DES VIBRATIONS CONSIDÉRÉES SOUS LE RAPPORT DE LEUR VITESSE.

La rapidité des vibrations est d'autant plus grande en général, que les corps qui les propagent ont plus de densité.

La vitesse du son dans l'air est de 340 mètres, 88 par seconde, à la température de 16° cent. C'est le résultat qu'obtinrent les commissaires du bureau des longitudes, près de Paris, entre Montlhéry et Villejuif, du 21 au 22 juin de 1822. Les expériences furent faites de nuit, à onze heures du soir, par un temps calme et sous un ciel serein. Les expérimentateurs qui y furent envoyés étaient : MM. Arago, Mathieu et de Prony pour la station de Villejuif et MM. de Humbolt, Gay-Lussac et Bouvard pour celle de Montlhéry.

Avant ces expériences, qui ont été les dernières en France, on en avait déjà fait beaucoup d'autres en différens lieux de la terre, depuis celles de Blanconi en Italie, en 1440. En 1738, l'Académie des sciences de Paris, en ayant fait faire entre Montlhéry et Montmartre, sur un terrain long de 29,000 mètres, on trouva que le son parcourait 337 mètres, 18 par seconde, à la température de 6°. Si l'on considère que la vitesse de la propagation augmente avec l'élévation de la température, on trouvera que le résultat est à peu près le même que celui obtenu par le bureau des longitudes.

De la Place a donné des formules pour apprécier la vitesse de la propagation du son dans les différens corps. Avant lui, Newton avait donné une expression de la vitesse du son dans l'air, mais n'ayant pas tenu compte, comme l'a fait de la Place, du degré de compression qu'éprouvent les molécules auxquelles le mouvement vibratoire se communique, il ne put parvenir à des résultats aussi exacts. Toute compression étant accompagnée de chaleur, de la Place suppose que c'est cette chaleur dégagée qui modifie la loi de l'élasticité, et qui accélère la propagation du son.

Pour évaluer la vitesse du son dans l'air, on procède de la manière suivante : par un temps calme et pendant la nuit, on fait disposer sur deux points élevés qui limitent l'intervalle où l'on veut observer, deux canons de même calibre qu'on charge avec la même quantité de poudre, et les observateurs placés à leur station respective, munis chacun d'eux d'un *chronomètre* bien réglé, notent avec exactitude le temps qui s'écoule entre l'apparition de la lumière du coup de canon et l'arrivée du son.

La connaissance de la vitesse du son, fournit un moyen d'estimer d'une manière satisfaisante, la distance à laquelle on se trouve d'une ville assiégée, d'un fort, etc. Il suffit de multiplier par 340 mètres, le nombre de secondes qui s'écoulent depuis l'instant où l'on aperçoit la lumière du canon, jusqu'à celui où le bruit frappe l'oreille. On ne tient pas compte du temps que la lumière met à parcourir cet espace, puisqu'elle arrive à nous en 8' 13" du soleil dont la distance moyenne de la terre est de 34,761,680 lieues. On juge de même de la distance du lieu où tombe la foudre, par le temps que le bruit du tonnerre met pour arriver à notre oreille, depuis l'apparition de l'éclair.

Pourvu que l'air soit calme, la vitesse est la même, que le temps soit brumeux ou serein, que la pression baromètrique soit grande ou petite; mais l'agitation de l'atmosphère fait éprouver des modifications à la propagation des sons. D'après les expériences de M. Delaroche, le vent n'exerce presque point d'influence sensible sur les sons entendus à de petites distances, 6 mètres par exemple. Mais quand la distance est plus grande, le son s'entend moins dans la direction contraire au vent que dans celle du vent lui-même. La différence est d'autant plus grande proportionnellement, que la distance parcourue l'est elle-même davantage. C'est dans la direction du vent que le bruit du canon, celui des cloches se font entendre à de si longues distances.

M. Delaroche a constaté dans ses expériences, que le son s'entend un peu mieux dans une direction perpendiculaire à celle du vent, que dans cette dernière (Annales de phys. et de chim. t. 1, p. 450).

La difficulté de transmettre les sons à de grandes distances, provient de ce que les vibrations qui partent du corps sonore, s'irradient dans tous les sens et perdent de leur intensité à mesure qu'elles s'éloignent du centre d'ébranlement. Si la masse d'air où le son se propage était toujours cylindrique et sans obstacle, on ne sait pas à quelle distance il cesserait de se faire entendre. M. Biot est le premier physicien qui ait fait cette remarque. Cet habile expérimentateur a observé dans les aqueducs de Paris, que sur une colonne d'air cylindrique de 951 mètres de longueur, la voix la plus basse était entendue à cette distance, de manière à distinguer parfaitement les paroles et à établir une conversation suivie. Il voulut déterminer le ton auquel la voix cesserait d'être sensible, et il ne put y parvenir. Les mots dits aussi bas que quand on parle à l'oreille, étaient reçus et appréciés; de sorte que pour ne pas être entendu, il n'y aurait eu absolument qu'un moyen, dit-il, celui de ne pas parler du tout. On a tiré de cette propriété du son, de se propager très loin dans une colonne d'air cylindrique, sans perdre de son intensité, un parti très avantageux pour la construction des *porte-voix* destinés à transmettre le son à de grandes distances. On dit que dans les maisons riches de l'Angleterre, des porte-voix sont établis dans les appartemens et vont en suivant des longs détours, porter des ordres aux lieux où se trouvent les gens de service.

Pour savoir si les sons aigus, forts ou faibles, se propageaient avec une égale vitesse, ou s'il y avait entre eux, sous ce rapport, quelque différence, M. Biot fit jouer des airs de flûte à l'une des extrémités du tuyau dont j'ai parlé ci-dessus, et il les entendit à l'autre réguliers et conformes à la mesure naturelle. D'où il résulte que tous les sons aigus, graves, intenses, faibles, etc., se propagent toujours avec une même vitesse sans se confondre. Ainsi, quand plusieurs observateurs écoutent un concert, ils entendent tous la même mesure et la même harmonie.

L'eau est le seul liquide qui ait été soumis à des expériences directes, pour apprécier la vitesse du son dans un temps donné, et ces expériences sont peu nombreuses. Les meilleures que nous possédions, sont celles que M. Colladon a faites dans le lac de Genève. Ce physicien a trouvé que la vitesse du son était de 1435 mètres par seconde dans l'eau de ce lac. Ce nombre diffère peu de 1453, nombre que donne la formule de Laplace.

Ces expériences furent faites de la manière suivante. Une cloche d'un assez gros calibre était suspendue dans l'eau à l'aide d'un bateau amarré par plusieurs ancres; à la distance de 13,485 mètres, se trouvait un autre bateau retenu de la même manière, dans une position fixe; c'était dans ce dernier qu'était placé M. Colladon. Le son était produit par le choc d'un marteau, dont l'extrémité du manche qui sortait de l'eau, était garnie d'une lance à feu qui enflammait une petite masse de poudre, à l'instant précis où le choc du marteau sur la cloche avait lieu. L'observateur placé sur l'autre bateau, comptait le temps à partir de l'apparition de la flamme, et entendait le son au moyen d'un tube métallique large, évasé et fermé par l'extrémité qui plongeait dans l'eau, et dont l'ouverture supérieure qui dépassait le niveau de l'eau, recevait l'oreille de l'observateur. (An. de phys. et de chim. 1831, t. xxxvi p. 236).

La vitesse des vibrations dans les solides, est encore plus grande que dans les liquides. On trouve dans le tableau de Chladni que dans le bois de chène et de noyer, la vitesse est de 3624 mètres par seconde, de 4250 dans celui de poirier, de 5440 dans ceux de saule et de pin, de 5664 dans le fer et l'acier, de 6120 mètres dans le bois de sapin, etc.

DE LA PROPAGATION DES VIBRATIONS DANS DES MILIEUX DE DENSITÉS DIFFÉRENTES.

Lorsque le milieu que traversent les vibrations sonores, est homogène ou de la même densité, et qu'il n'est point interrompu par des solutions de continuité, elles sont transmises d'une manière plus distincte et plus prompte. Mais si le milieu a des densités variées et qu'il se compose de différens corps ou qu'il soit interrompu, les vibrations sonores éprouvent alors une diminution considérable et s'éteignent. Lorsque les milieux par lesquels elles se propagent, ont des caractères différens, qu'ils sont des gaz, des liquides et des solides, l'affaiblissement des vibrations ou leur destruction est encore plus complète.

Ces lois reçoivent de nombreuses applications à l'auscultation.

DE L'ACCROISSEMENT D'INTENSITÉ DES VIBRATIONS SONORES PENDANT LA NUIT.

On a observé depuis les temps les plus reculés, que le son se propage avec plus d'intensité pendant la nuit que pendant le jour. La cause physique de ce phénomène n'est pas aussi facile à connaître qu'on paraît le penser d'abord. Les personnes étrangères à la physique, croient que l'intensité du son pendant la nuit dépend de ce qu'il y a moins de calme dans le jour que dans la nuit qui est le temps du repos. On a cru aussi que cette intensité dépendait de la température nocturne de l'atmosphère qui est plus basse de 3° que celle du jour. Ces opinions étaient celles du célèbre Aristote.

Pourquoi le son (dit-il dans le livre curieux des problèmes) *se fait-il mieux entendre de nuit? C'est qu'il y a plus de repos, à cause de l'absence du calorique. Cette absence rend tout plus calme et compassé, car le soleil est le principe de tout mouvement.*

Le savant **M.** de Humboldt croit donner une solution de ce problème. Il pense que la présence du soleil agit sur la propagation et l'intensité du son, par les obstacles que lui opposent les courans d'air de densité différente, causés par l'inégal échauffement des différentes parties du sol; car les divers points d'une plaine ou d'une colline ne peuvent être également échauffés. Alors l'atmosphère est traversée en tous sens par des filets d'air plus chauds qu'elle, de sorte que l'onde sonore se partage en deux ondes, là où la densité du milieu change brusquement, et il se forme des échos partiels qui affaiblissent le son, parce qu'une des ondes revient sur elle-même, et cette onde réfléchie devient dans les bruits très faibles, insensible à notre oreille. Pendant la nuit au contraire, la surface du sol se refroidit; les parties couvertes de gazon ou de sables, prennent une même température; l'atmosphère n'est plus traversée par ces filets d'air chauds qui s'élèvent verticalement ou obliquement dans tous les sens. L'onde sonore traverse alors un fluide devenu plus homogène, se propage avec moins de difficulté, et l'intensité du son augmente, parce que le partage des ondes et les échos partiels deviennent plus rares.

L'accroissement d'intensité du son pendant la nuit, ne dépend donc point de ce qu'il y a plus de calme que pendant le jour. M. de Humboldt entendait bien moins distinctement dans le jour que dans la nuit, le bruit des cascades de l'Orénoque, et cependant dans cet endroit, de même que dans la plupart des régions presque désertes de la zône torride, le jour semblait le moment du repos de toute la nature, tandis que la nuit, ce repos était constamment troublé par le bourdonnement des insectes et les cris des animaux sauvages. (Annales de phys. et de chim. t XIII, p. 162).

DES ÉCHOS.

Les vibrations sonores se réfléchissent, comme les rayons lumineux, en passant d'un lieu à un autre; comme eux, elles éprouvent toujours une réflexion partielle, et quand elles rencontrent un obstacle fixe, elles éprouvent une réflexion totale, comme les rayons lumineux quand ils tombent sur un corps parfaitement opaque. Que la réflexion soit partielle ou totale, l'angle de réflexion est toujours, comme pour les rayons lumineux, égal à l'angle d'incidence. La connaissance de cette loi explique le phénomène qu'on apelle *écho*. Un écho, est le retour d'un son déjà entendu, qui est renvoyé par une surface réfléchissante quelconque. Ainsi, si on fait entendre des sons à une certaine distance d'un mur, ils se répètent un instant après et s'emblent venir du mur lui-même, comme si une personne répondait de ce lieu. Tout ce qui réfléchit les vibrations sonores, peut être la cause d'un écho. Les maisons, les montagnes, les rochers, les lisières des forêts, la surface de l'eau, les nuages, forment écho. On explique le roulement du tonnerre par la réflexion du son par les nuages. Mais il est déterminé quelquefois par d'autres causes qu'on ne connaît pas ; ainsi on ignore la cause des éclats subits qui l'accompagnent. On dit que lorsque les voiles d'un bâtiment qui est en pleine mer sont bien tendues, elles forment des échos assez parfaits.

Le phénomène de l'écho est quelquefois multiplié au point de produire un grand nombre de fois le même son. Si une personne se place entre deux murs parallèles, ils se renverront mutuellement les sons, et elle entendra un écho redoublé. On appelle écho monosyllabique, celui qui répète une seule fois les mêmes syllabes, et poly-syllabique celui qui les répète un certain nombre de fois. Parmi les poly-syllabiques, on en cite qui sont fort curieux, mais l'exagération les a souvent portés jusqu'au merveilleux.

Le vestibule du Conservatoire des arts et métiers est une grande salle carrée, dont les angles forment deux courbes ellipsoïdes qui se croisent à angle droit, au centre de la voûte. Si deux personnes se placent aux angles opposés, elles peuvent avoir un entretien à voix très basse, sans craindre d'être entendues de ceux qui les entourent. Les deux interlocuteurs ainsi placés, se trouvent aux deux foyers de la courbe.

D'après le calcul de M. Poisson, sur un même rayon réfléchi, l'intensité va toujours croissant à mesure qu'on s'approche du second foyer de l'ellipsoïde, de manière que pour des points voisins de ce foyer, le son est plus intense que le son direct ; mais quant à la vîtesse du son réfléchi , elle est la même que celle du son direct.

M. Herschel décrit de la manière suivante les échos de la cathédrale de Girgente , en Sicile :

« Le plus léger bruit, dit-il , y est entendu de la manière la plus distincte, depuis la porte occidentale jusqu'à la corniche placée derrière le maître autel, à une distance de deux cent-cinquante pieds. Par la plus fâcheuse coïncidence, on choisit, pour placer le confessional, le foyer de divergence du premier de ces endroits. C'est ainsi , qu'au désespoir des confesseurs, et au grand scandale de toute la population , des secrets qui devaient rester inconnus furent publiés par l'indiscrétion de curieux que le hasard avait conduits à cette place, dans le moment où de belles pécheresses faisaient des voeux au tribunal de la pénitence. Un époux ayant eu ainsi connaissance de l'infidélité de son épouse, fit connaître comment le hasard lui avait fait obtenir cette triste révélation , et le confessional fut changé de place. »

Les fameuses *Latonies*, ou carrières de Syracuse , dans lesquelles Denys le Tyran renfermait les victimes de sa cruauté , sont remarquables par les échos qui s'y produisaient. Voici ce qu'en dit Brydone , dans la relation de son voyage en Sicile :

« L'*Oreille* de Denys est un monument qui atteste à la fois la magnificence et la cruauté de ce tyran. C'est une caverne d'une grandeur énorme, creusée dans un roc très dur et qui a exactement la forme d'une oreille humaine. Sa hauteur perpendiculaire est d'environ quatre-vingt pieds, et elle n'en a pas moins de deux cent-cinquante de large. On dit qu'elle était construite de manière que tous les sons qui s'y produisaient étaient rassemblés et réunis, comme dans un foyer, en un point qui s'appelait le *tympan*. Le tyran avait fait faire au bout du tympan, un petit trou qui communiquait à une chambre où il avait coutume de se cacher. Il appliquait son oreille à ce trou ; et on croit qu'il entendait distinctement tout ce qui se disait dans la caverne. »

TROISIÈME PARTIE.

DU MÉCANISME DE L'AUDITION.

Le mécanisme de l'audition a été longtemps ignoré ; ce n'est que depuis peu, que l'on sait quelque chose de satisfaisant sur lui. Avant, on n'avait fait que nager dans le vague et l'hypothèse. Une partie de ses nouveaux progrès, nous le devons à l'acoustique, que le savant Savart a su si bien appliquer, par ses ingénieuses recherches, à la physiologie de l'oreille. Ce n'est que de cette manière, en appliquant l'acoustique à la physiologie de l'oreille, que nous pourrons connaître un jour le mécanisme de l'audition, comme nous connaissons celui de la vision; mais il s'en faut bien, jusqu'à présent, que la marche du son, dans l'intérieur de l'oreille, soit aussi facile à suivre que dans le globe de l'œil. Il n'est pas de partie en physiologie qui ait autant excité la curiosité; il n'en est pas sur lequel on ait avancé autant d'hypothèses. Chacun a voulu donner son opinion, suivant la direction qu'il avait imprimée à ses études ou selon ses préjugés. Il n'est pas non plus de partie dans l'oreille qui n'ait été en litige pour en déterminer son usage. Plusieurs opinions que l'imagination seule a pu créer, prouvent combien il y a des personnes qui veulent tout expliquer sans se donner la peine de regarder ; d'autres sont plus ou moins absurdes, et dévoilent l'ignorance dans laquelle étaient leurs auteurs pour l'anatomie. Au nombre de ces opinions, est celle de *Béranger de Carpi*, qui croyait que les osselets, mus par l'air agité, formaient le son en frappant l'un sur l'autre, et celle de *Massa*, qui prétendait que le marteau frappait, non sur l'enclume, mais sur la membrane du tympan. Je ne ferai mention dans ce travail que des idées les mieux fondées.

Il y a deux sortes d'audition, l'une *active* et l'autre *passive*. Dans celle-ci, les vibrations sonores viennent continuellement, pendant l'état de veille, impressionner l'organe de l'ouïe à l'insu de la volonté ; la première est au contraire produite sous l'influence de la volonté sur l'organe qu'elle semble conduire au devant des sons et les tendre, afin qu'il les reçoive mieux. On la désigne sous le nom d'*auscultation ;* le nom propre d'audition convient mieux à l'autre. Dans l'audition active, on *écoute,* et l'on *entend* dans l'audition passive.

Dans la deuxième partie, j'ai pris les vibrations sonores à leur naissance : j'ai dit comment elles communiquent de proche en proche des corps au milieu desquels elles sont produites pour arriver à notre oreille. Il s'agit maintenant, dans cette troisième partie, de démontrer comment de l'oreille externe elles vont exciter la partie la plus délicate des nerfs auditifs, pour que ceux-ci en transmettent la sensation à la partie du cerveau qui préside à l'ouïe, et là s'arrête tout notre savoir.

USAGES DU PAVILLON.

Organe collecteur des vibrations sonores, qu'il dirige vers le conduit auditif, le pavillon de l'oreille, n'est point une partie essentielle pour la perception des sons, puisque les personnes qui en sont privées ne cessent pas d'entendre ; mais c'est une partie de perfectionnement, car quand il manque, l'ouïe est un peu affaiblie. Il est difficile de dire pourquoi il présente des saillies et des enfoncemens, et si cette disposition est plus propre à transmettre les vibrations sonores. Boerhaave prétendait avoir prouvé par le calcul que tous les rayons sonores qui tombent sur la face externe du pavillon, sont réfléchis sous un angle égal à celui de leur incidence, vers l'orifice du conduit auditif. Cette opinion, évidemment fausse pour certaines parties, ne peut guère s'appliquer qu'à la conque. Les surfaces qui ne sont point tournées vers l'orifice du conduit auditif, ne peuvent lui diriger les vibrations qui tombent sur elles.

Le docteur Buchanam (*Obs. physiolog. sur l'org. de l'ouïe*, Londres, 1828), a mesuré, compartivement sur plus de cent individus, les diverses proportions de l'oreille externe, relativement au degré de finesse de l'ouïe, et il est arrivé an résultat suivant :

1° Quand la conque est large et profonde, que la partie supérieure de l'hélix est peu saillante, que le pavillon est tourné en avant et que l'angle de réunion de l'oreille avec la tête est entre 25 et 45°, l'oreille externe est conformée le plus avantageusement pour réunir et diriger, dans le conduit auditif, la quantité des rayons sonores nécessaires pour que l'ouïe s'opère clairement ;

2° Si la conque est petite ou plate, et que l'angle de réunion de l'oreille avec la tête se rapproche de 40°, cette situation favorable de l'oreille supplée à la conformation vicieuse de la conque ;

3° Lorsque l'angle de réunion est assez aigu, mais que la conque est en même temps large et profonde, l'inconvénient résultant du trop grand rapprochement de l'oreille avec la tête, est compensé par la forme avantageuse qu'elle présente ;

4° Quand la conque est petite et plate, et que l'angle de réunion est au-dessous de 15°, l'ouïe n'est que très rarement ou jamais fine et nette, surtout chez les sujets d'âge moyen.

Chez un homme de 39 ans, dans le traitement d'une plaie considérable de l'oreille externe, on avait été obligé de maintenir derrière la conque, une compresse assez épaisse ; de cette application, il résulta qu'après la guérison, le pavillon formait, avec la tête, un angle de 45°. Par suite de cette disposition, qui depuis resta la même, cet individu entendait beaucoup plus clairement de ce côté que de l'autre, où le pavillon ne formait naturellement qu'un angle de 15°.

Un autre individu, chez qui la conque était applatie, et l'angle de réunion de 16°, entendait très peu de l'oreille gauche et à peine de la droite.

Le docteur Buchanam fit placer derrière chaque oreille, un petit coussinet, et le malade recouvra entièrement l'ouïe. J'ajouterai que chez ce dernier, le conduit auditif était sec et large, et que pour y remédier, il le fit enduire chaque jour avec de la cire molle, moyen qui concourut aussi, d'après Buchanam, à la guérison de la surdité.

Les inégalités de la surface du pavillon auraient pour usage, suivant M. Savart, de présenter toujours une partie de leur surface perpendiculaire à la direction des vibrations de l'air, afin de les mieux partager et les mieux transmettre. A l'imitation de M. Esser, j'ai rempli les enfoncemens de mon pavillon avec du beurre, en laissant le conduit auditif libre, et il m'a semblé que mon ouïe s'était un peu affaiblie.

M Itard refuse au pavillon ces usages. Il soutient qu'il est absolument inutile dans l'homme, et il se fonde, 1° en ce que l'audition n'est nullement altérée quand on l'enlève ; 2' que chez un grand nombre d'animaux qui ont l'ouïe très fine, il n'y a pas de pavillon, comme chez la taupe, les oiseaux, etc. Il ajoute même qu'il est plus nuisible qu'utile chez plusieurs animaux qui l'ont très mobile et très large, parce qu'ils sont obligés, pour mieux entendre, de

le tourner de tous les côtés d'où les sons arrivent.
Je ne puis partager l'opinion de M. Itard. D'abord,
dans le premier cas, il n'est nullement prouvé qu'il
n'y ait pas eu affaiblissement de l'ouïe ; car les individus qui en ont été privés ont dit que dans les
premiers jours, l'ouïe était un peu diminuée, et que
si après un temps plus ou moins long, ils ont cru
entendre comme auparavant, c'est qu'ils ne s'aper-
cevaient plus du degré d'affaiblissement de leur
sens. Dans le second cas, je pense, comme la plupart des auteurs qui se sont occupés de cette matière, que la nature a voulu pourvoir de leurs longues et larges oreilles les espèces timides et faibles
qui sont obligées d'éviter les poursuites de leurs
ennemis. Ces animaux craintifs, par leurs larges
entonnoirs, rassemblent dans le conduit auditif un
plus grand nombre de vibrations et prennent plus
tôt la fuite, parce qu'ils entendent mieux et de plus
loin.

Quelques personnes ont la faculté de mouvoir à
volonté le pavillon de leur oreille, mais elles sont
rares. Portal dit avoir vu des hommes qui le por-
taient tantôt en avant, tantôt en arrière et le rele-
vaient de la manière la plus visible. M. Esser cite
une dame, qui pouvait mouvoir un pavillon, tandis
que l'autre restait immmobile, et on rapporte que
lorsque Méry faisait son cours à l'Hôtel-Dieu, il
remuait son pavillon devant ses auditeurs, pendant qu'il leur parlait des usages de cette partie de
l'oreille.

USAGES DU CONDUIT AUDITIF.

Les vibrations sonores arrivées au conduit auditif, celui-ci les transmet, jusqu'à la membrane du tympan, par l'air qu'il renferme et par ses parois qui entrent aussi en vibration. Quand il est rétréci ou que son orifice est bouché par la conformation vicieuse du tragus ou de l'anti-tragus, l'ouïe devient alors dure, parce que les vibrations sont transmises en moins grand nombre à la membrane du tympan. M. Itard est convaincu, par ses observations, que l'élargissement du conduit auditif, bien loin d'augmenter l'audition, en diminue au contraire totalement l'étendue et la finesse. On voit donc, par ce qui précède, que le conduit auditif doit avoir une certaine dimension, pour que que l'ouïe soit normale. Sa courbure sert à protéger la membrane du tympan.

Jai parlé, dans la partie anatomique, des usages que l'on donne au cérumen et aux poils qui se trouvent à l'orifice de ce conduit. M. Buchanam ayant reconnu que l'enduit cérumineux est nécessaire pour la netteté de l'ouïe, l'a améliorée dans les cas où il y avait sécheresse du conduit, en l'enduisant chaque jour avec de la cire molle.

USAGES DE LA MEMBRANE DU TYMPAN.

Les vibrations sonores, arrivées à la membrane du tympan, celle-ci, mince et élastique, en est ébranlée, et les propage à travers la caisse du tambour, jusqu'aux membranes de la fenêtre ovale et de la fenêtre ronde, par l'intermédiaire de l'air et de la chaîne des osselets. Cette opinion, admise par tous les auteurs, n'a rencontré qu'un seul contradicteur, qui est M. Itard. Ce savant, ayant remarqué, chez des vieillards, que le conduit auditif était assez évasé pour permettre l'exploration de la membrane du tympan, cette disposition lui suggéra l'idée de s'assurer si, en effet, elle est portée tantôt en dehors, tantôt en dedans, afin d'être plus apte à recevoir les différens sons que lui transmet le conduit. Des sons très graves, des sons très aigus, et tous très forts, furent perçus sans qu'il pût voir la membrane du tympan subir le moindre mouvement général ou partiel. Une soie de porc fut placée sur le centre de la membrane sans qu'il pût la voir bouger. Cette opinion que la membrane du tympan n'entre pas en vibration, ne peut pas convaincre, surtout quand son auteur dit, une ligne plus bas, qu'en sa qualité de membrane très mince, elle contribue à rendre la caisse plus propre à la transmission des ondes sonores. Comment veut-il donc, M. Itard, que les vibrations sonores, arrivées au fond du conduit auditif, passent à l'air de la caisse, sans que la membrane qui les a transmises soit entrée en vibration ?

La membrane du tympan vibre par l'air contenu dans le conduit auditif et par l'ébranlement de ses parois. M. Savart *Annales de phys. et de chim.*, t. XXVI, p. 5), la considère comme exécutant toujours un nombre de vibrations égal à celui du corps qui a produit des oscillations dans l'air. De plus, l'expérience lui ayant démontré que les vibrations moléculaires des membranes, et en général de tous les corps, varient continuellement avec la direction des vibrations du corps directement ébranlé, il en présume que c'est par ce moyen que nous pouvons juger la direction du son, lorsqu'il nous arrive sans avoir été réfléchi. Suivant les expériences de cet habile physicien, si l'on étend sur l'extrémité d'un cylindre une membrane mince, couverte d'un sable fin qui en ferme l ouverture, comme la membrane du tympan ferme le conduit auditif, on verra, en produisant des sons tout près de l'autre, le sable sautiller et figurer des lignes nodales ; il a ainsi produit des vibrations très prononcées, même à la distance de 25 à 30 mètres.

Le seul usage de la membrane du tympan, n'est pas de transmettre des vibrations ; celles-ci auraient pu être transmises sans elle d'une maniere plus directe et plus immédiate à la membrane de la fenêtre ronde et à celle de la fenêtre ovale, puisque sa perforation et sa déchirure n'excluent pas la faculté d'ouïr, mais elle sert encore à proléger l'oreille interne contre les injures extérieures ; car sans elle, elle serait facilement lésée. Aussi l'expérience a prouvé que lorsque, pour remédier à la surdité produite par l'oblitération de la trompe d'Eustache, on la perfore, l'ouïe est rendue immédiatement après ; mais elle s'affaiblit au bout d'un temps plus ou moins long, par suite des altérations du labyrinthe et le malade ne peut plus entendre la voix basse. Morgagni, Valsalva et Vieussens savaient fort bien déjà que la membrane n'était pas absolument nécessaire pour entendre, de même que les osselets, à l'exception de l'étrier, et qu'elle sert à protéger le labyrinthe et ses fenêtres (*Morgagni*, t. 2, p. 323).

L'observation de Riolan, relative à un sourd-muet qui s'étant percé la membrane du tympan, avait recouvré l'ouïe, inspira à Cheselden le projet de percer cette membrane à un criminel condamné à mort, qui avait obtenu sa grace, à condition qu'il se soumettrait à l'expérience ; mais la clameur publique le força à renoncer à son projet. Lorsque cette membrane s'épaissit, l'ouïe devient dure.

L'illustre Bichat pensait que la membrane du tympan se relâchait pour les sons forts et se tendait pour les sons faibles. Sa tension, disait-il, paraît surtout avoir lieu quand nous prêtons l'oreille avec attention et que nous voulons tirer le plus de parti possible des sons dirigés dans le conduit auditif. Les observations de M. Savart ont prouvé plus tard le contraire : ce savant a reconnu que quand une membrane mince est très tendue, elle entre plus difficilement en vibration, c'est à dire, que l'amplitude de ses excursions est diminuée. L'opposé a lieu quand elle est relâchée. Il ouvrit la cavité du tympan d'un veau, fit sécher la membrane à l'air, et il remarqua que le sable entrait en vibration par tous les corps sonores, mais que la vivacité de ces mouvemens diminuait à mesure que la membrane était plus tendue par la dessication (*Journal de M. Magendie*, 1824, p. 205).

M. Esser adapta une membrane d'étoffe de soie sur le petit orifice d'un cylindre, de telle manière qu'il pouvait la tendre ou la relâcher à volonté, et il crut remarquer que le sable placé sur cette membrane se mouvait plus vivement et plus longtemps, lorsque la membrane était relâchée, que lorsqu'elle était fort tendue, le son étant le même dans l'un et l'autre cas (Mémoire sur les fonctions de l'oreille, *Arch. génér. de Médec.*, t. 26).

L'observation suivante de Saissy, dans laquelle la membrane offrait une saillie normale dans la caisse, est un fait pratique important à ajouter à ces expériences. La personne qui en fait le sujet, était sourde depuis six ans. En 1816, l'ouïe devint dure du côté gauche, la membrane du tympan fut rétablie par des injections faites par la trompe d'Eustache, et l'audition fut rétablie. D'autres injections ayant été faites par le conduit auditif, la surdité eut lieu de nouveau ; on renouvela alors les injections par la trompe d'Eustache, et on rétablit encore la mem-

brane et l'audition à leur état naturel. Saissy a observé que dans cet excès de tension de la membrane,
le malade entend mieux, quand le temps est hu-
mide (1), que quand il est sec ; lorsqu'on lui parle
bas et près de l'oreille, que lorsqu'on lui parle haut
(Saissy, art. Audition , *du Dict des sç. méd.*)

USAGES DE LA CAVITÉ DU TYMPAN.

Le tympan , organe de perfectionnement et de
renforcement des vibrations sonores qu'il reçoit de
l'oreille externe, a pour usage de les transmettre au
labyrinthe par la chaîne des osselets, par l'air qu'il
contient et par ses parois.

1° *Transmission des sons par la chaine des osselets.*
Cet usage de la chaîne osseuse est prouvé par une
expérience de M. Savart, dans laquelle il a vu des
figures se dessiner clairement sur une verge de bois
annexée à une membrane, comme le manche du marteau l'est à la membrane du tympan (*Anna. de phys.
et de chim.,* t. xxv).

Les vibrations de la membrane du tympan, sont
aussi transmises jusqu'à la membrane de la fenêtre
ovale, du marteau à l'enclume et de celui-ci à l'é-
trier. Leurs articulations ne peuvent pas être un
obstacle pour empêcher cette transmission, ainsi
qu'on a voulu l'objecter. Certainement, cette chaîne

(1) D'après les expériences de M. Savart, les membranes mouillées
vibrent avec plus de facilité.

les communiquerait mieux si elle était formée par un seul os ; mais, comme le fait observer **M.** Savart, les articulations qui existent entre les osselets , servent à empêcher que des mouvemens trop brusques ne nuisent à l'organisation de parties si délicates et protègent la fenêtre ronde et toutes les parties molles contenues dans le labyrinthe des impressions trop fortes qu'elles pourraient recevoir, la membrane de la fenêtre ovale comprimant le fluide du labyrinthe, et par conséquent celui-ci devant comprimer à son tour les parties molles et la membrane ovale, ce qui aurait diminué l'amplitude des oscillations. Suivant ce même auteur, la courte branche de l'enclume , étant appuyée sur les parois des celules mastoïdiennes, le mouvement doit se propager aux parois, et cette espèce d'articulation sert de point d'appui lors des mouvemens dont cet os est le siége, quand le marteau l'entraîne avec lui ; car ce dernier osselet ne peut pas changer de position sans déterminer la longue branche de l'enclume à se mouvoir dans le même sens.

Les osselets sont les organes passifs des mouvemens de tension et de relâchement imprimés à la membrane du tympan par le muscle interne du marteau; le muscle de l'étrier est leur modérateur du côté du labyrinthe.

Lorsque le muscle interne du marteau se contracte, la membrane du tympan est tendue en dedans, entraînée par le manche du marteau, et forme dans la caisse une saillie plus ou moins grande ; le corps du marteau est maintenu, pendant ce temps, par ses ligamens antérieur et externe.

Lorsque ce muscle cesse de se contracter, le marteau cède et la membrane revient du côté du conduit auditif, en diminuant la saillie qu'elle formait. Sa tension varie ainsi pour augmenter ou diminuer l'amplitude de ses excursions. Le muscle du marteau a donc pour fonction de modifier la tension de la membrane du tympan ; il la tend pour les sons très forts, et la relâche pour les sons faibles.

Le muscle de l'étrier paraît servir à borner les mouvemens de dehors en dedans et de dedans en dehors de l'os auquel il s'insère, et lui faire exécuter un mouvement de bascule par lequel le disque est porté plus en arrière qu'en avant ; mais tous ces mouvemens doivent être très bornés, vu l'exiguité du muscle et l'adhérence assez solide de la circonférence de la base de l'étrier au pourtour de la fenêtre ovale.

Le mouvement de totalité de la chaîne osseuse, est un véritable mouvement de sonnette, comme le le dit le professeur Cruveilhier, dont le centre se trouve à la branche horizontale de l'enclume. Je m'en suis très bien assuré sur le cadavre. Après avoir enlevé nettement la partie supérieure du tympan et celle du labyrinthe, l'on peut voir dans toute son étendue le mouvement qu'on imprime à la chaîne, quand on tire en dedans le marteau à la manière de son muscle.

Il est prouvé par la physiologie expérimentale et

l'anatomie pathologique, que la chaîne des osselets ne sert qu'au perfectionnement de l'ouïe. M. Flourens enleva, sur des pigeons, les premiers osselets sans que l'animal cessât d'entendre. Il enleva l'étrier, et l'ouïe diminua sensiblement; ne faisant que le soulever et lui laissant reprendre sa place, il observa que cette faculté était alternativement diminuée et rétablie (Recherches sur les fonctions du système nerveux, 1824). M. P...., qui fait le sujet de l'observation 525 des œuvres d'Astley Cooper, n'était affecté que d'une surdité très légère, et cependant, en introduisant une sonde dans chaque oreille, on trouvait que la membrane du tympan était détruite, puisque l'extrémité de l'instrument venait heurter contre la paroi interne de la caisse, ce qui prouve l'absence des deux premiers osselets, car on sait que la destruction de cette membrane entraîne le marteau et l'enclume. L'étrier seul était donc resté. M. Bernard (*Journ. de physiol. expérim.*, t. IV), a vu un enfant de 8 ans, à qui la membrane du tympan et les osselets des deux oreilles manquaient; il entendait, mais difficilement. D'autres observations semblables sont rapportées par les auteurs.

2° *Transmission des sons par l'air du tympan.* Pour que l'air du tympan transmette les sons à l'oreille interne, il est nécessaire qu'il entre en vibration, et pour cela il faut une ouverture qui le laisse entrer et sortir librement, comme il en faut une à un tambour pour qu'il résonne. Cette ouverture est fournie par la trompe d'Eustache, dont la nécessité est constatée par les cas d'occlusion qui sont toujours accompagnés de surdité. Les vibrations de l'air de la caisse sont alors transmises au labyrinthe, et elles le sont à la membrane de la fenêtre ronde, comme celles de l'air extérieur le sont à la membrane du tympan. C'est pour cela que Scarpa la considérait comme un tympan secondaire.

L'air du tympan est tenu en équilibre avec l'air atmosphérique. Si cet équilibre était rompu, la membrane du tympan s'avancerait, tantôt dans le conduit auditif, tantôt dans la caisse, et l'ouïe en serait troublée. M. Esser explique de la manière suivante les tintemens et les bourdonnemens passagers, par le dérangement de cet équilibre. Si l'air de la caisse est augmenté, par une expiration profonde, la pression qui en résulte sur la membrane du tympan et les autres parties de la cavité, mais principalement sur la fenêtre ronde, détermine le bourdonnement d'oreille qui diminue à mesure que l'équilibre se renouvelle; si l'air est raréfié, et que dans ce moment la trompe gutturale se ferme, il résulte de la pression qu'exerce l'atmosphère sur la membrane du tympan, le bourdonnement d'oreille. Cette explication ne s'applique qu'aux tintemens et aux bourdonnemens d'oreille passagers. On sait que quand ils se répètent longtemps, ils sont dûs à une congestion vers l'oreille, ou sont d'origine nerveuse.

L'air contenu dans le tympan sert aussi à maintenir les parties molles qui y sont renfermées dans le même degré de chaleur et d'humidité.

On ne sait pas bien à quoi servent les cellules mastoïdiennes; elles paraissent avoir pour usage l'amplitude des oscillations de l'air de la caisse.

On ne peut supposer, comme on l'a souvent dit, que les vibrations peuvent arriver par la trompe d'Eustache. Admettre une pareille opinion, c'est méconnaître les lois de l'acoustique. On cite, comme preuve de cette assertion, que les gens de la campagne ouvrent bien la bouche, afin de mieux entendre, quand ils assistent à un spectacle ; mais ne voit-on pas là un des caractères de leur curiosité et de leur étonnement stupide? S'il est vrai que l'on entend mieux quand la bouche est ouverte, ce qui est insensible, il faut l'expliquer plutôt par l'abaissement du condyle du maxillaire inférieur, qui alors agrandit la lumière du conduit auditif ; car c'est commettre une absurdité que de croire que les vibrations sonores arrivent au tympan par un conduit aussi étroit et aussi profondément situé que le conduit guttural. S'il en arrivait par là, elles se rencontreraient avec celles qui pénètrent par le conduit auditif, et il en résulterait de la confusion dans l'ouïe.

3° *Transmission des sons par les parois de la caisse.* Les parties dures de la tête transmettent leurs vibrations aux parois de la caisse, et celles-ci les communiquent distinctement au labyrinthe. Quand on se bouche les oreilles, on entend fort bien les battemens d'une montre placée sur l'occiput, le sommet de la tête ou sur le front ; et si on la place dans la bouche, on n'entend les oscillations de son balancier que lorsqu'elle touche les dents, parce qu'alors elles sont transmises par les parties dures et non par la trompe d'Eustache. Une montre placée sur la langue, au fond de la bouche, ne transmet aucun son à l'oreille.

USAGES DU LABYRINTHE.

Depuis les savantes recherches de **M.** Breschet, nous connaisssons beaucoup mieux l'anatomie du labyrinthe ; il semblerait même qu'il n'y a plus rien à y ajouter. Nous ne pouvons pas en dire autant de sa physiologie.

Les découvertes importantes que ce savant anatomiste a faites sur cette partie si difficile de l'anatomie, l'ont mené à porter de fortes présomptions sur les usages des parties qui sont renfermées dans le vestibule ; mais nous ignorons encore ceux des canaux demi-circulaires et du limaçon.

Les vibrations sonores arrivent au labyrinthe par la fenêtre ovale et par la fenêtre ronde ; elles ne paraissent transmises par sa paroi externe, que lorsqu'elles sont communiquées à l'oreille par des parties dures.

Les vibrations sonores paraissent produire des impressions différentes sur les expansions nerveuses du sinus médian et du sac, sur celles des ampoules et sur celles de la lame spirale du limaçon, à cause de leur disposition qui n'est pas la même pour toutes. Pour arriver à celles du sinus médian, du sac, et des ampoules, les ondes sonores ont à traverser deux milieux distincts et séparés. Les sensations éprouvées par les pinceaux du sac et du sinus médian, doivent être plus vives que celles des ampoules, parce que leur pulpe, pour ainsi dire, mise à nu, suivant M. Breschet, est en contact immédiat avec l'otoconie qu'on ne trouve pas sur les pinceaux des ampoules, mais ceux-ci sont plus saillans et cette disposition doit contribuer au degré d'excitation qu'ils reçoivent. Les sensations imprimées aux expansions de la lame spirale du limaçon ont lieu sur deux surfaces beaucoup plus grandes, et les ondes sonores qui les produisent, y arrivent plus directement, parce qu'elles ne traversent qu'un seul liquide.

Les vibrations sonores qui sont transmises par la fenêtre ovale, traversent la périlymphe, les parois membraneuses et l'endolymphe. M. Breschet présume avec raison, que, par cette disposition, elles arrivent avec plus de douceur que si elles étaient transmises immédiatement par la fenêtre ovale au sac et au sinus médian. Il pense que l'adossement de la face extérieure de ces parties membraneuses à des parois osseuses, seraient nuisibles à la transmission des ondes sonores. Suivant ce savant, les deux liquides paraissent aussi avoir pour fonction de multiplier les points de contact du nerf acoustique avec le corps vibrant, de rendre l'excitation plus vive, et d'augmenter la faculté vibratoire de la membrane du sac.

Les expériences de M. Savart nous ont appris que les tissus mouillés vibrent avec plus de facilité ; alors les deux liquides du labyrinthe ont une troisième fonction que leur accorde aussi M. Breschet, celle de tenir mollement suspendues les parties membraneuses, afin qu'elles soient dans des meilleures conditions pour la réception et la transmission des vibrations sonores. La matière à laquelle les extrémités nerveuses aboutissent, est tenue en suspension par l'endolymphe.

M. Breschet pense que les ondes sonores transmises au liquide du labyrinthe membraneux mettent en mouvement la matière pulvérulente qui est en contact avec les pinceaux des extrémités des nerfs, pour que celle-ci fasse impression sur eux. Si l'otoconie ne servait pas à la transmission directe des ondes sonores aux filets terminaux de ces nerfs, elle se trouverait aussi dans d'autres points du labyrinthe ; mais il n'en est pas ainsi.

La transmission des vibrations sonores par la fenêtre vestibulaire, est indispensable pour que l'audition s'exerce. Morgagni dit avoir vu, deux fois, l'ossification de la membrane de la base de l'étrier, et, dans les deux cas, il y avait surdité. M. Deleau a reconnu chez un enfant sourd-muet de naissance, et complétement insensible à toute espèce de son, absence de l'étrier et de la fenêtre ovale.

Les questions qui se présentent maintenant sur les usages des canaux demi-circulaires et du limaçon, sont encore restées sans solution.

On ne peut contester des usages importans à ces canaux, car ce sont les parties les plus constantes dans l'oreille des animaux, après le vestibule. Certains physiologistes croient qu'ils sont destinés à renforcer les sons, et M. Young les regarde comme servant à *juger* de leur *acuité* et de leur *gravité*. Ces opinions sont autant d'hypothèses, qu'il faut mettre au nombre des autres malheureusement trop considérables sur les usages des différentes parties de l'organe auditif. On ne connaîtra probablement les fonctions des canaux demi-circulaires, que lorsqu'on saura pourquoi ils sont ainsi contournés. M.Cagniard-Latour, dans un Mémoire qu'il a présenté à l'Académie des sciences, sur la résonnance des liquides et la description d'une nouvelle espèce de vibration (vib. globulaire), considérant que le son hydraulique se produit facilement avec l'eau contenue dans des vases ayant la forme de tubes; qu'en outre, la rigidité des parois semble favorable à la vibration globulaire, et qu'enfin c'est dans les tubes courbés en syphon que le mouvement vibratoire de l'eau paraît avoir le plus d'analogie avec celui des fluides élastiques, trouve remarquable : 1° que l'humeur liquide de notre oreille interne soit contenue, en partie, dans des espèces de tubes; 2° que ces tubes ou canaux soient osseux, et par conséquent de matière rigide ; 3° enfin que certains

de ces tubes, tels que les canaux demi-circulaires,
aient précisément une courbure assez analogue à
celle d'un syphon. (L'*Institut*, journal des acad ém.,
etc., n. 7, septembre 1833).

La même obscurité règne relativement aux usages du limaçon. On se demande d'abord pourquoi
il est creusé d'un canal en spirale, et pourquoi
celui-ci est divisé en deux autres plus petits, par
une lame mince osso-membraneuse. On prétend
que la disposition de ces deux petits canaux secondaires (rampes), sert au renforcement des sons,
parce que les vibrations qui sont transmises par la
fenêtre ronde, et celles qui le sont de la fenêtre
ovale par la rampe vestibulaire, se concentrent au
sommet du limaçon. Quant à la lame spirale, on ne
peut douter qu'elle ne serve à étendre la surface
nerveuse sur laquelle les vibrations qui la font tré-
mousser, font impression. Mais tout ce qu'on suppose ensuite, ne sont qu'autant d'hypothèses, plus
ou moins ingénieuses. Lecat comparait le limaçon
à un clavier dont les cordes tendues sont représentées par les nerfs, plus ou moins longs, qui sont
étalés sur cette lame. Il prétendait que, sous ce
rapport et sous celui de leur inégale tension, ils
devaient percevoir des sons graves, moyens ou aigus,
suivant les filets qui étaient impressionnés (Traité
des sons).

Lame spirale
déroulée.

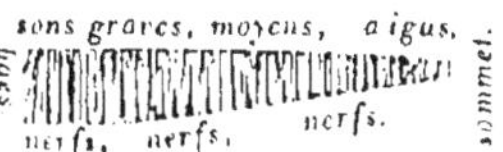

D'après les expériences de M. Flourens, la rupture du limaçon offre moins d'importance que celle des canaux demi-circulaires. Lorsque ces derniers sont ouverts et qu'on les irrite, l'animal exécute, avec plus ou moins de rapidité, plusieurs mouvemens horizontaux de la tête ; il entend, mais avec agitation et souffrance. Le déchirement incomplet des nerfs vestibulaires affaiblit notablement l'ouïe ; leur destruction entière amène irrévocablement la surdité.

Là se termine la partie mécanique de l'audition ; le reste qui est purement intellectuel, est un mystère impénétrable que l'homme ne connaîtra jamais. Les différentes impressions produite ssur les nerfs acoustiques, sont transmises au cerveau qui les perçoit, et c'est lui alors qui distingue les sons les plus divers, ceux de la parole, du chant, de la musique. La sensation agréable ou désagréable des sons, leur appréciation, dépendent uniquement de l'organisation du cerveau. L'organe auditif n'est qu'un instrument à travers lequel les vibrations sonores sont modifiées pour exercer leurs impressions.

L'audition éprouve des modifications aux deux extrêmes de la vie : chez le jeune enfant qui a le pavillon de l'oreille très petit, mou, peu élastique, chez qui le conduit auditif participe de la structure de celui-ci, et la membrane est très oblique, toutes ces parties se trouvent dans un certain état de mollesse ; l'ouïe partage la faiblesse de son âge tendre.

Le jeune enfant passe encore long-temps, depuis sa naissance, avant qu'il puisse juger de l'intensité et de la direction des sons. Chez le vieillard, l'ouïe est plus ou moins dure, à cause de la diminution des liquides du labyrinthe et de la sensibilité du nerf acoustique qui s'affaiblit progressivement.

Je termine par l'histoire de deux sourds-muets qui ont acquis l'ouïe à des âges assez avancés pour comprendre l'immense avantage de l'acquisition d'un nouveau sens. Ce sont les faits les plus curieux en ce genre que la science possède ; ils intéressent autant sous le rapport philosophique, que sous le rapport physiologique.

« En 1703, un jeune homme de 23 à 24 ans, fils d'un artisan, sourd-muet de naissance, commença tout d'un coup à parler, au grand étonnement de toute la ville de Chartres. On sut de lui que, trois ou quatre mois auparavant, il avait entendu le son des cloches, et avait été extrêmement surpris de cette sensation nouvelle et inconnue. Ensuite il lui était sorti une espèce d'eau par l'oreille gauche, et il avait entendu parfaitement des deux oreilles. Il fut ces trois ou quatre mois sans rien dire, s'accoutumant à répéter tout bas les paroles qu'il entendait, et s'affermissant dans la prononciation et dans les idées attachées aux mots. Enfin il se crut en état de rompre le silence, et il déclara qu'il parlait, quoique ce ne fut encore qu'imparfaitement. Aussitôt des théologiens habiles l'interrogèrent sur son état passé, et leurs principales questions roulèrent sur Dieu , sur l'âme , sur la bonté divine ou la malice morale des actions. Il ne parut pas avoir poussé les pensées jusque là. Quoiqu'il fût né de parens catholiques, qu'il assistât à la messe, qu'il fut instruit à faire le signe de la croix et à se mettre à genoux dans la contenance d'un homme qui prie, il n'avait jamais joint à cela aucune intention, ni compris celle que les autres y joignaient. il ne savait pas bien distinctement ce que c'était que la mort, et il n'y pensait pas. Il menait une vie purement animale, tout occupé des objets sensibles et présens, et du peu d'idées qu'il recevait par les yeux. Il ne tirait pas même de la comparaison de ses idées tout ce qu'il semble qu'il en aurait pu tirer. Ce n'est pas qu'il n'eût naturellement de l'esprit, mais l'esprit d'un homme privé du commerce des autres, est si peu exercé et si peu cultivé, qu'il ne pense qu'autant qu'il y est indispensablement forcé par les objets extérieurs. Le plus grand fond des idées des hommes est dans leur commerce réciproque. » (Académie des sciences , pag. 18 , année 1703).

« Louis-Honoré Trezel, âgé de 10 ans, né à Paris, de parens pauvres , était de cette classe de sourds qui n'entendent pas même les bruits les plus violens ; sa physionomie, image de son intelligence, avait peu d'expression ; il traînait les pieds à chaque pas ; sa démarche était chancelante ; il ne savait pas se moucher. L'ouïe lui fut donnée, et les jours qui suivirent son développement, furent pour lui des jours de ravissement. Tous les sons, le bruit même, lui causaient un plaisir inneffable, et il les recherchait avec avidité. Il était particulièrement dans une sorte d'extase, en écoutant une tabatière harmonique; mais il lui fallut un certain temps, avant qu'il s'apperçut que la parole était un moyen de communication. Il s'attacha d'abord, non aux sons, mais au mouvement des lèvres, aussi crut-il pendant quelques jours, qu'un enfant à sept mois parlait parce qu'il lui voyait remuer les lèvres. On lui fit bientôt reconnaître son erreur; mais le malheur voulut qu'il entendit une pie prononcer quelques mots; généralisant aussitôt ce fait particulier, il en conclut que tous les animaux étaient doués de la parole, et voulut absolument faire parler un chien qu'il affectionnait; il recourut à la violence pour lui faire dire : *papa, du pain*, seuls mots qu'il put lui-même prononcer. Les cris de l'animal finirent par l'éffrayer et il renonça à sa singulière entreprise.

Un mois s'écoula, et cependant Honoré restait à peu près au même point. Absorbé par ses sensations et ses remarques nouvelles, il ne pouvait pas saisir les syllabes qui forment les mots. Il fallut près de trois mois, avant qu'il distinguât et comprît quelques mots composés.

Il lui fallut aussi beaucoup de temps, pour reconnaître la direction du son. Une personne s'étant cachée dans une chambre où il se trouvait, il découvrit le lieu d'où partait la voix, plutôt par les yeux et le raisonnement, que par son oreille » (Physiol. de M. Magendie, t. I, pag. 147, 4ᵉ éd.)

TABLE

DES MATIÈRES.

www.ingramcontent.com/pod-product-compliance
Ingram Content Group UK Ltd.
Pitfield, Milton Keynes, MK11 3LW, UK
UKHW020929120726
13693UKWH00003B/1214